TASHI TAIYANGNENG
GUANGRE FADIANZHAN SHEJI
GUANJIAN JISHU

塔式太阳能
光热发电站设计

关键技术

许继刚　主　编

汪　毅　副主编

中国电力出版社
CHINA ELECTRIC POWER PRESS

内 容 提 要

本书依托国家标准 GB/T 51307—2018《塔式太阳能光热发电站设计标准》、IEC（国际电工委员会）国际标准 IEC 62862-4-1《塔式太阳能光热发电厂设计总体要求》和国家重点研发计划"太阳能光热发电及热利用关键技术标准研究"（项目编号：2017YFF0208300）"的有关成果，结合国内示范工程案例和国外光热发电站设计经验提炼撰写而成。

本书围绕塔式太阳能光热发电站设计关键技术进行介绍，主要包括光热资源评估、站址选择、光污染分析、光热关键设备部件选型设计、镜场设计、储热系统设计、光热工艺系统集成设计、控制系统设计、信息系统设计、吸热塔结构设计、定日镜结构设计、消防设计、镜场清洗技术等方面。

本书可供光热发电站设计人员参考，也可供相关科研、装备、安装、调试、运行、检修、管理、教学、培训人员阅读使用。

图书在版编目（CIP）数据

塔式太阳能光热发电站设计关键技术／许继刚主编 . —北京：中国电力出版社，2019.3
（2021.5 重印）

ISBN 978-7-5198-0442-8

Ⅰ . ①塔… Ⅱ . ①许… Ⅲ . ①太阳能发电—电站—设计 Ⅳ . ① TM615

中国版本图书馆 CIP 数据核字（2019）第 037389 号

出版发行：中国电力出版社
地　　址：北京市东城区北京站西街 19 号（邮政编码 100005）
网　　址：http://www.cepp.sgcc.com.cn
责任编辑：郑艳蓉　韩世韬（010-63412373）
责任校对：黄　蓓　太兴华
装帧设计：王英磊
责任印制：吴　迪

印　　刷：三河市万龙印装有限公司
版　　次：2019 年 3 月第一版
印　　次：2021 年 5 月北京第二次印刷
开　　本：787 毫米 ×1092 毫米　16 开本
印　　张：12
字　　数：247 千字
印　　数：2001—3000 册
定　　价：100.00 元

编 委 会

主　　编：许继刚

副主编：汪　毅

编　　委：（按姓氏笔画排序）

王立军　仇　韬　田启明　杨金芳　李　心

李红星　张开军　陈玉虹　赵晓辉　宫　博

彭　兢　曾春花

前　言

　　太阳能资源取之不尽，用之不竭，我们利用的很多资源，都直接或间接来自于太阳能。作为一种可再生能源发电方式，太阳能光热发电利用集热场将低密度的太阳能汇聚成高密度的能量，由太阳能转化成热能，通过工作流体传热，再由热机或其他发电技术将其转换成电能，并可以与化石燃料形成混合发电系统。太阳能光热发电绿色环保，建设场地灵活，在储热系统的配合下，可以连续稳定发电，电站既可并网运行，也可建成分布式电源为偏远地区供电。

　　太阳能光热发电主要有塔式、槽式、菲涅耳式和碟式四种形式，塔式太阳能光热发电具有聚光比高、传热工质能够达到较高温度、系统综合效率高、设计参数可与常规火电机组一致等优点，适合于大规模、大容量商业化应用，在国内外取得了较快发展。

　　为促进和规范太阳能光热发电技术的发展，《住房城乡建设部关于印发2015年工程建设标准规范制定、修订计划的通知》明确，由中国电力企业联合会和中国能源建设集团有限公司工程研究院担任主编单位，起草国家标准《塔式太阳能光热发电站设计标准》。GB/T 51307—2018《塔式太阳能光热发电站设计标准》自2018年12月1日正式实施。该国家标准的发布填补了国内外太阳能光热发电设计标准的空白，将对我国乃至世界太阳能光热发电行业的技术发展产生重要影响。

　　同时，第一届全国太阳能光热发电标准化技术委员会（SAC/TC 565）也于2017年成立，对口国际电工委员会太阳能光热发电技术委员会（IEC/TC 117）。该标委会以国家标准的编制内容为基础，申请立项IEC/TC 117国际标准。2017年11月，在摩洛哥举行的IEC年会上，由本书主编提交的标准提案获得IEC官员和各成员国的高度评价并获投票通过。会议明确由中国主持编制国际标准IEC 62862-4-1《塔式太阳能光热发电厂设计总体要求》，项目负责人由本书主编担任，项目组由中国、西班牙、德国、葡萄牙、摩洛哥等国的20多位专家组成。

　　为了配合GB/T 51307—2018《塔式太阳能光热发电站设计标准》的宣贯工作，使有关技术人员更好地掌握该国家标准的主要内容，同时也为了解答当前塔式太阳能光热发电设计的关键技术问题，特以国家标准配套的13个专题研究报告为基础，结合IEC国际标准编制过程中汲取的各国先进经验，以及由本书主编担任项目负责人的国家重点研发计划"太阳能光热发电及热利用关键技术标准研究"（2017YFF0208300）的研究成果，进行提炼整合，形成专著与读者共享。

　　本书针对性强、涉及面广，研究内容覆盖了太阳能光热资源评估、站址选择、塔式太阳能光热发电站光污染分析、光热关键设备部件选型设计、镜场设计、储热系统设计、光热工艺系统集成设计、控制系统设计、信息系统设计、吸热塔结构研究、定日镜结构设计、消防设计、镜场清洗技术等多个方面。本书的出版将有助于规范和提高我国塔式光热发电站工程研究、设计、制造和建设的技术水平，对推动我国太阳能光热发电产业的技术进步具有重要作用。

本书编委会由 GB/T 51307—2018《塔式太阳能光热发电站设计标准》、国际标准 IEC 62862-4-1《塔式太阳能光热发电厂设计总体要求》、国家重点研发计划"太阳能光热发电及热利用关键技术标准研究"（2017YFF0208300）的核心骨干人员和相关科研、设计单位的技术专家组成，分别来自中国能源建设集团有限公司工程研究院、中国电力企业联合会、中国电力工程顾问集团西北电力设计院有限公司、中国电力工程顾问集团有限公司、中国能源建设集团新疆电力设计院有限公司、浙江中控太阳能技术有限公司、中国科学院电工研究所（中国科学院大学）、河北省电力勘测设计研究院、国核电力规划设计研究院有限公司等单位。

本书作者都是长期从事光热发电工程研究、设计、制造与建设的专业技术人员，有着丰富的实践经验。本书不仅有理论研究和设计方案比选，同时还有大量的调研数据和案例分析，对从事光热发电站工程研究、设计、制造、建设的专业技术人员有着较好的指导作用。同时，对于从事光热发电站调试、运行、维护、检修、管理和教学、培训的人员也有一定的参考价值。

本书由许继刚担任主编，汪毅担任副主编，负责全书的组织、策划和统稿工作。王立军负责全书的图文整理工作。前言由许继刚编写，第一章由许继刚和王立军编写，第二章由田启明编写，第三章由彭兢编写，第四章由曾春花编写，第五章由陈玉虹编写，第六章由李心编写，第七章和第八章由赵晓辉编写，第九章由仇韬编写，第十章由杨金芳编写，第十一章由李红星编写，第十二章由官博编写，第十三章由张开军编写，第十四章由王立军和李心编写，第十五章由李心和赵晓辉编写。全书由许继刚和汪毅审定。

由于太阳能光热发电技术发展迅速且本书编写时间仓促，本书难免存在需要改进的地方，真诚欢迎读者提出批评意见和修改建议。

编者

目 录

第一章

太阳能光热发电技术概述

　　按照聚光方式分类，光热发电通常包括塔式、槽式、菲涅耳式和碟式四种。2016年国家能源局公布的首批 20 个太阳能光热发电示范项目中，塔式共 9 个，占据近半壁江山，高居首位，无疑成为光热发电实现商业化和规模化最具竞争力的主流形式。

　　工程开发，设计先行。设计集成，标准引领。国家标准 GB/T 51307—2018《塔式太阳能光热发电站设计标准》的发布，开国内外综合性设计标准之先河，填补了光热发电领域设计标准的空白，将对我国首批光热发电示范项目以及后续光热电站的开发、建设、运营等发挥重要指导作用，对于国际光热发电标准的制修订也具有重要的参考意义。

　　本章在解析太阳能光热技术发展背景，比较四种不同发电技术形式及其特点，介绍国内外技术发展现状的基础上，重点聚焦和阐释 GB/T 51307—2018 的技术内容与特点，介绍塔式太阳能光热发电站设计关键技术。

第一节　发　展　背　景

　　随着化石能源的不断枯竭，以及生态环境的逐渐恶化，大力发展可再生能源，尤其是充分利用太阳能资源，已成为我国的一项基本国策。2005 年 2 月 28 日，《中华人民共和国可再生能源法》（中华人民共和国主席令第三十三号）颁布，明确国家鼓励单位和个人安装和使用太阳能热水系统、太阳能供热采暖和制冷系统、太阳能光伏发电系统等太阳能利用系统。2005 年 11 月 29 日，国家发展改革委发布《可再生能源产业发展指导目录》（发改能源〔2005〕2517 号），明确发展太阳能光热发电，用于为电网供电或为电网不能覆盖地区的居民供电，包括塔式太阳能光热发电系统、槽式太阳能光热发电系统、菲涅耳式太阳能光热发电系统、碟式（盘式）太阳能光热发电系统。

　　在 2005～2013 年的这段时间里，无论是国务院，还是国家发展改革委、国家能源局，分别在颁布的《能源发展"十二五"规划》（国发〔2013〕2 号）、《可再生能源中长期发展规划》（发改能源〔2007〕2174 号）、《可再生能源发展"十一五"规划》（发改能源〔2008〕610 号）、《太阳能发电"十二五"规划》（国能新能〔2012〕194 号）中，大力支持太阳能光热发电技术的发展和太阳能光热发电站的建设。

　　2015 年 9 月 23 日，国家能源局发布《关于组织太阳能热发电示范项目建设的通知》(国能新能〔2015〕355号),决定组织一批太阳能光热发电示范项目建设。2016年8月29日,国家发展和改革委员会发布《关于太阳能热发电标杆上网电价政策的通知》(发改价格〔2016〕1881号),确定2018年12月底以前投产的光热项目标杆上网电价为每千瓦时1.15元(含税)。2016年9月13日,国家能源局发布《关于建设太阳能热发电示范项目的通知》(国能新能〔2016〕223号),公布首批20个光热发电示范项目。标杆电价和示范项目的出台,在社会层面、产业层面和技术层面,都将产生深远的影响。

从社会层面上看:中国经济已经步入新常态,燃煤电厂产能过剩,风电场和太阳能光伏发电站存在大量弃风、弃光现象。国家出台光热发电标杆电价,并适时推出20个示范项目,说明国家对光热发电的高度重视以及大力发展光热发电的决心,同时也预示着光热发电在我国能源转型升级中将占据重要地位。

从产业层面上看:光热产业迎来了前所未有的发展机遇。虽然在"十二五"期间国内建设了十几个示范回路,建设了1MW的塔式光热示范试验电站,但真正投入商业运行的只有青海德令哈10MW塔式电站。光热电价和示范项目的出台,不仅推动了20个示范项目的建设,而且还带动其他一批项目的规划与建设,推动我国光热产业迅速发展。

从技术层面上看:示范项目锁定了塔式、槽式、菲涅耳式三种主流的发电技术,大多采用国际上已得到实践验证的熔融盐塔式、水工质塔式、导热油槽式等相对较成熟的技术。20个示范项目分别是7个熔融盐塔式,2个水工质塔式,5个导热油槽式,2个熔融盐槽式,3个导热油菲涅耳式,1个熔融盐菲涅耳式。从入选的项目看,较为成熟的熔融盐塔式、水工质塔式、导热油槽式将在工程技术方面得到进一步提升;而相对不够成熟的熔融盐槽式、熔融盐菲涅耳式等项目,则会在工程技术上实现新的突破。同时,未能入选的技术形式也会在这轮光热建设浪潮中得到推动,促进光热发电技术百花齐放。比如,目前正在开展的空气工质塔式光热发电技术、碟式与塔式的混合发电技术等,虽然还处于研发阶段,也会借助这一东风,加快取得核心技术,尽快形成竞争力。

2016年12月8日,国家能源局印发《太阳能发展"十三五"规划》(国能新能〔2016〕354号),明确指出到2020年底,太阳能光热发电装机达到500万kW,在"十三五"前半期,国家积极推动150万kW左右的太阳能光热发电示范项目建设。2018年5月18日,国家能源局印发《关于推进太阳能热发电示范项目建设有关事项的通知》(国能发新能〔2018〕46号),从三个方面对示范项目提出具体要求:①统一思想,高度重视示范项目建设;②多措并举,着力构建项目推进机制;③加强协作,多方联动形成工作合力。根据示范项目实际情况,明确首批示范项目建设期限可放宽至2020年12月31日,同时建立逾期投运项目电价退坡机制,具体价格水平由国家发展改革委价格司另行发文明确。该通知的出台,再次从政策层面为示范项目保驾护航,无疑会推动太阳能光热发电站的建设进入前所未有的历史新阶段。

第二节　太阳能光热发电形式

太阳能光热发电是指利用不同类型的聚光装置，将太阳辐射能转化为热能，然后通过常规的热机或其他发电技术将其转换成电能的技术。电站包括太阳能集热、储热、热功转换、发电等模块。其工作原理是：低密度太阳能经不同类型集热器聚焦之后转化为高密度太阳能，加热工质到一定温度，然后推动不同类型的热动力发电机组发电。按照聚光方式，太阳能光热发电可划分为点聚焦和线聚焦，其中点聚焦聚光比较高，包括塔式和碟式；线聚焦聚光比相对较低，包括槽式和菲涅耳式。目前达到商业化应用水平主要是塔式和槽式两种。

一、塔式太阳能光热发电

塔式太阳能光热发电是通过多台跟踪太阳运动的定日镜将太阳辐射反射至放置于支撑塔上的吸热器中，把太阳辐射能转换为传热工质的热能，通过热力循环转换成电能的太阳能光热发电系统，如图 1-1 所示。塔式太阳能光热发电系统主要由定日镜场、吸热塔、吸热器、储热器、换热器和发电机组等组成。按照传热工质的种类，塔式太阳能光热发电系统主要有水/蒸汽、熔融盐和空气等形式。

图 1-1　塔式太阳能光热电站

1. 水/蒸汽塔式光热发电系统

如图 1-2 所示，以水/蒸汽作为传热工质，水经过吸热器直接产生高温高压蒸汽，进入汽轮发电机组。水/蒸汽塔式太阳能光热发电系统的传热和做功工质一致，年均发电效率可达 15% 以上。水/蒸汽具有热导率高、无毒、无腐蚀性等优点。蒸汽在高温运行时有高压问题，在实际使用时蒸汽温度受到限制，抑制了塔式太阳能光热发电系统运行参数和系统效率的提高。

2. 熔融盐塔式光热发电系统

如图 1-3 所示，以熔融盐作为传热介质，在吸热器内加热后，通过熔融盐/蒸汽发生器产生蒸汽，并推动汽轮机发电。加热后的熔融盐先存入高温热盐罐，然后送入蒸汽发生器加热水产生高温高压蒸汽，以驱动汽轮发电机组；汽轮机乏汽经凝汽器冷凝后返回蒸汽发生器循环使用。在蒸汽发生器中放出热量的熔融盐送至低温冷盐罐，再送回吸热器加热。常规使用的硝酸钠与硝酸钾混合盐（太阳盐）汽化点较高，可达620℃，可以实现热能在电站中的常压高温传输，实现系统高参数运行，传热和储热工质一致，减小换热过程损失，年均发电效率可达20%。

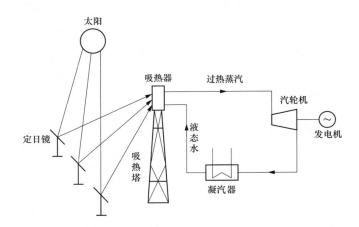

图 1-2 　水工质塔式太阳能光热发电原理图

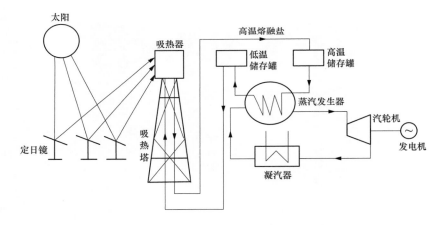

图 1-3 　熔融盐工质塔式太阳能光热发电原理图

3. 空气塔式光热发电系统

如图 1-4 所示，以空气作为传热工质，空气经过吸热器加热后形成高温热空气，进入燃气轮发电机组发电。空气作为传热工质，易于获得，工作过程无相变，工作温度可达 1600℃，由于空气的热容较小，空气吸热器的工作温度可高于 1000℃，大大提高燃气轮机进口空气温度，减少燃气用量，年均发电效率可达 30%。但该技术尚未成熟。

塔式太阳能光热发电的技术特点一般表现为：

（1）通过点聚光方式实现高聚光比，从而有利于提高发电效率，扩大规模和容量。典型塔式太阳能光热发电站聚光比为 300～1000。

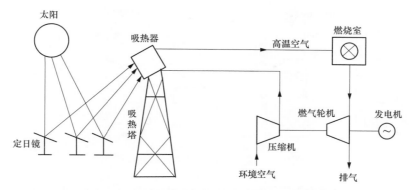

图1-4 空气工质塔式太阳能光热发电原理图

（2）热工质工作温度高，因此光热转换效率、热电转换效率高。塔式太阳能光热发电技术中热工质的最高工作温度一般可实现超过500℃。

（3）采用水工质作为吸热工质，直接生成蒸汽，实现高参数发电。

（4）对环境和工程施工条件要求低，如对土地平整度、土地坡度等都没有严格的要求，且不存在冬季工质防冻问题。

（5）除常规发电装备外，塔式太阳能光热发电的关键装备为定日镜及其控制系统、吸热系统和储热系统，均属于较成熟制造行业。

二、槽式太阳能光热发电

槽式太阳能光热发电是指采用抛物线形槽式反射镜面将太阳光聚焦到位于焦线的吸热管上，使管内的传热工质（油或水等）加热至一定温度，然后经热交换器产生蒸汽驱动汽轮发电机组发电，如图1-5和图1-6所示。槽式太阳能光热发电系统一般由抛物面槽式聚光器、吸热管、储热单元、蒸汽发生器和汽轮发电机组等单元组成。槽式太阳能光热发电站中，抛物面槽式聚光集热器通过串联和并联方式相互连接，并通过模块化布局形成集热场，如图1-7所示。

图1-5 槽式太阳能光热发电集热系统

图1-6 槽式太阳能光热发电站

槽式太阳能光热发电的技术特点一般表现为：

（1）通过线聚光方式实现聚光，结构相对简单，易于实现标准化批量生产和安装，但线性聚光方式的聚光比小，典型槽式太阳能光热发电站聚光比为80~100，导致系统工作温度有限，效率存在瓶颈。

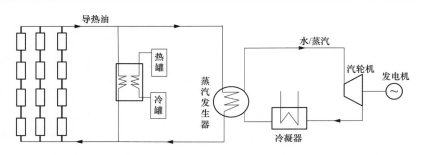

图 1-7 槽式太阳能光热发电原理图

（2）槽式发电使用抛物面（parabolic）长槽型（trough）的聚光器和吸热管，真空集热管和抛物面反射镜属于特殊产品部件，生产工艺要求高。

（3）采用合成油（导热油）等作为工作介质的双回路系统技术成熟。工作介质温度一般在 400℃。但导热油对土壤和农作物有危害，且导热油更换周期短。

（4）对环境和工程施工条件要求高，如对土地平整度、土地坡度等都有严格的要求，通常坡度不得超过 1%。

（5）聚焦分散使得散热面积增大，辐射损失随温度的升高而增加，热损耗大。

三、菲涅耳式太阳能光热发电

菲涅耳式太阳能光热发电是指采用靠近地面放置的多个几乎是平面的镜面结构（带单轴太阳跟踪的线性菲涅耳反射镜），先将阳光反射到上方的二次聚光器上，再由其汇聚到一根长管状的热吸收管，并将其中的水加热产生热蒸汽直接驱动后端的涡轮发电机，如图 1-8 和图 1-9 所示。

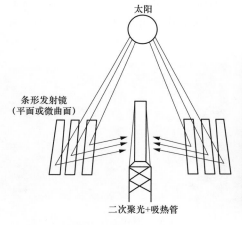

图 1-8 菲涅耳式太阳能光热发电示意图　　图 1-9 菲涅耳式太阳能光热发电站

菲涅耳式太阳能光热发电系统技术特点一般表现为：

（1）利用二次反射，提高了几何聚光比，容易获得较高的吸热器传热流体出口温度。

（2）中心吸热管保持不动，不随主反射镜跟踪太阳而运动，避免了高温高压管路的密封和连接问题以及由此带来的成本增加。

（3）主反射镜较为平整，可采用紧凑型的布置方式，土地利用率较高，且反射镜近地安装，大大降低了风阻，具有较优的抗风性能，选址更为灵活。

（4）由于采用的是平直镜面，易于清洗，耗水少，维护成本低。

（5）聚光场效率不高；早上和傍晚受余弦损失大；二次聚光器进一步降低效率。

四、碟式太阳能光热发电

碟式太阳能光热发电是利用旋转抛物面反射镜，将入射阳光聚集在焦点上，放置在焦点处的太阳能接收器收集较高温度的热能，加热工质，驱动发电机组发电，或在焦点处直接放置太阳能斯特林发电装置发电，如图1-10和图1-11所示。碟式太阳能光热发电系统包括聚光器、接收器、热机、支架、跟踪控制系统等主要部件。系统工作时，从聚光器反射的太阳光聚焦在接收器上，热机的工作介质流经接收器吸收太阳光转换成的热能，使介质温度升高，即可推动热机运转，并带动发电机发电。

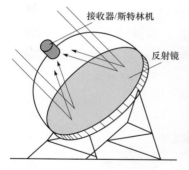

图1-10　碟式太阳能光热发电示意图　　　　图1-11　碟式太阳能光热发电站

碟式太阳能光热发电技术特点一般表现为：

（1）高效率聚光。

（2）高聚光比，可达数千。

（3）能流高但分布不均匀，对吸热元件挑战大。

（4）直接连斯特林机可获得30%以上的太阳能-电效率。

（5）空冷系统在运行过程中不消耗水。

（6）分布式利用，单机容量难以做大。

（7）储热问题难以解决。在光伏发电成本不断降低的形势下，碟式-斯特林发电系统大规模应用的成本压力很大。

五、四种太阳能光热发电技术比较

塔式太阳能光热发电系统聚光比高,易于实现较高的工作温度,系统容量大、效率高。塔式熔融盐系统易于实现储热,经济性好,最适应于太阳能独立发电。但熔融盐熔点高,系统保温能耗较高,技术难度较大。

塔式水/蒸汽系统的吸热器实际上就是一个太阳能锅炉,技术难度相对较小,可靠性高,但系统储热性能较差,高温高压下的系统安全性仍有待提高。由于蒸汽的热容低,为避免吸热器中蒸汽过热器的失效,系统对反射镜场的控制精度要求更高。

塔式空气系统耗水量低,具有无相变、工作温度高、启动快等优点,尤其适合少水或无水地区,但传热性能较差,系统容量低,储热性能较差,目前大功率空气吸热器在技术上仍存在较大难度,商业化应用尚不成熟。

槽式太阳能光热发电系统结构简单,技术较为成熟,可以实现较大规模的热发电系统,但其聚光比小,系统工作温度相对较低。核心部件真空集热管在运行中易出现真空度降低,吸收管表面选择性涂层性能下降等问题。目前,研究可靠、耐久、高效的真空吸热管是槽式发电技术的关键。

菲涅耳式太阳能光热发电系统由于聚光倍数只有数十倍,因此加热的水蒸气热能品质不高,使整个系统的年发电效率仅能达到10%左右,但由于系统结构简单、直接使用导热介质产生蒸汽等特点,其建设和维护成本也相对较低。

碟式太阳能光热发电系统聚光比大,工作温度高,系统效率高,机构紧凑,安装方便,非常适合于分布式能源系统,具有很好的应用前景,但其核心部件斯特林发动机技术难度大。

四种太阳能光热发电技术比较见表1-1。

表 1-1　　　　　　　　四种太阳能光热发电技术比较

特征	塔式	槽式	菲涅耳式	碟式
对光照资源要求	高	高	低	高
聚光比	300~1000	50~80	25~100	1000~3000
运行温度（℃）	500~1400	350~550	270~550	700~900
传热介质	水、合成油、熔融盐、空气	水、合成油、熔融盐	水、合成油、熔融盐	空气
储能	可储热	可储热	可储热	否
机组类型	蒸汽轮机、燃气轮机	蒸汽轮机	蒸汽轮机	斯特林机
动力循环模式	朗肯循环、布雷顿循环	朗肯循环	朗肯循环	斯特林循环
联合运行	可	可	可	视具体情况
峰值系统效率	23%	21%	20%	31%
系统年平均效率	10%~16%	10%~15%	9%~12%	16%~18%

续表

特征	塔式	槽式	菲涅耳式	碟式
适宜规模（MW）	30～400	30～200	30～150	0.005～0.5
用地（hm²/MW）	2～2.5	2.5～3	2.5～3.5	2
水耗（m³/MWh）	水冷1.89～2.84，空冷0.34	水冷3.03，空冷0.30	水冷3.8	基本不需要
应用程度	已商业化、规模化	已商业化、规模化	已商业化，尚未规模化	已商业化，尚未规模化

六、太阳能光热发电的优势

太阳能光热发电作为一种清洁能源，相比于其他能源利用方式，太阳能光热发电有其独特的发展优势。

（1）在资源的可利用量和可开发量方面，太阳能资源要优于风能、生物质能、地热能、海洋能等可再生能源；而在可开发利用的地域方面，也较地热能、海洋能等能源利用方式广阔。相比于其他可再生能源，太阳能资源取之不尽，用之不竭。

（2）太阳能光热发电的整个发电过程不会对外产生污染物和温室气体，是一种清洁能源利用形式。同时，在资源利用的开发过程中，其对生态环境也不会产生破坏和影响，具有环境友好的优势。另外，从全生命周期来看，太阳能光热发电从设备制造到发电生产再到报废，整个过程的能耗水平和对环境的影响与其他可再生能源利用形式相当，能耗和污染水平大大降低。

（3）带有储热的太阳能光热发电站不同于其他如风电、光伏这样的波动电源，储热装置可以平滑发电出力，提高电网的灵活性，弥补风电、光伏发电的波动特性，提高电网消纳波动电源的能力。同时，带有储热装置的太阳热发电系统白天把一部分太阳能转化成热能储存在储热系统中，在傍晚之后或者电网需要调峰的时候用于发电以满足电网的要求，同时也可以保证电力输出更加平稳和可靠。因此，易于对多余的能量进行储存，以实现连续稳定的发电和调峰发电，是太阳能光热发电相对于风电、光伏等可再生能源发电方式一个最为重要和明显的优势，有利于电力系统稳定运行。

第三节　塔式太阳能光热发电现状

一、国外发展现状

塔式太阳能光热发电的设计是20世纪50年代苏联提出的，其研究始于20世纪70年代。此后，尤其是20世纪80年代以来，许多国家对此展开了广泛的探索和应用，并相继建造了容量不一的塔式太阳能示范装置和电站。第一座塔式太阳能光热发电站由法国、德国和意大利于1981年联合建造，额定功率为1MW。1982年，美国在加利福尼亚州南部Barstow沙漠地区附近建造了一座10MW级别的大型塔式太阳能光热发电站，称为 Solar One，占地面积约 70000m^2，镜场包含 1818 面定日镜，接收塔高 90m。该电站性能较成熟，建成两年后实现了并网发电。之后，Solar One 电站被改造成 Solar Two 电站，并于 1996 年 4 月投入并网发电。Solar Two 电站改变了 Solar One 电站中原来的水蒸气热传输系统和砂石导热油的储热系统，改用硝酸熔融盐作为传热储热介质。Solar Two 的成功应用，验证了熔融盐作为介质的可行性和优越性，可以降低建站技术难度和经济风险，使塔式太阳能光热发电系统的发展上升到了一个新的层面，极大推进了塔式太阳能光热发电站的商业化进程。此后，西班牙、德国、瑞士、法国、意大利、苏联和日本等也陆续开展这项技术的研究工作。

商业化应用方面，西班牙大力推行塔式太阳光能发电技术，在 1983 年完成 CESA-1 电站的建设后，又建造了 TSA、Solar Ires、PS10、PS20 等电站。其中，2007 年 3 月建成的 PS10 电站是欧洲首座商业性太阳能光热发电站，采用 624 面 120m^2 的双轴定日镜，将太阳光聚焦到约 115m 高处的吸热器上，功率达到 11MW。当前世界最大的塔式太阳能光热电站为 2013 年美国 Ivanpah（伊凡帕）电站，该电站总容量达 392MW，采用水蒸气为传热介质，不带储热，位于加州的莫哈维沙漠，横跨 14km^2 的土地，由 NRG 能源公司、谷歌（Google）和风险资本支持企业 Bright Source（亮源）能源公司合作建设。美国还有 Solar Reserve 在内华达州沙漠地区建设的世界最大的熔融盐塔式光热电站，即 Crescent Dunes（新月沙丘）电站，容量为 110MW，可储热 10h。表 1-2 给出了国外部分代表性的塔式太阳能光热发电站。

表 1-2　　　　　　　　　　国外部分代表性的塔式太阳能光热发电站

电站名称	国别	容量（MW）	传热介质	储热介质	投运年份
SSPS-CRS	西班牙	0.5	液态钠	钠	1981
EURELDS	意大利	1	水蒸气	熔融盐/水	1981
SUNSHINE	日本	1	水蒸气	熔融盐/水	1981
Solar One	美国	10	水蒸气	油/岩石	1982
CESA-1	西班牙	1	水蒸气	熔融盐	1983
MSEE/CaB	美国	1	熔融盐	熔融盐	1984
SPP-5	俄罗斯	5	水蒸气	水蒸气	1986
TSA	西班牙	1	空气	陶瓷	1993
Solar Two	美国	10	熔融盐	熔融盐	1996
Consolar	以色列	0.5	压缩空气	化石混合物	2001
Solgate	西班牙	0.3	压缩空气	化石混合物	2002
PS10	西班牙	11	空气	陶瓷	2007
Gemasolar	西班牙	20	熔融盐	熔融盐	2011
Ivanpah	美国	392	水蒸气	—	2014
Crescent Dunes	美国	110	熔融盐	熔融盐	2015

太阳能光热电站技术标准化方面，近年来成果明显：2011 年 4 月，国际电工委员会（IEC）正式成立 IEC/TC 117（太阳能光热发电技术委员会），负责制定太阳能光热

电厂系统和相关部件国际标准，已立项开展编制 IEC/TS 62862-1-1《太阳能光热发电站术语》、IEC/TS 62862-1-2《光热发电站仿真用太阳年辐射数据的产生办法》、IEC/TS 62862-1-3《气象数据集数据格式》、IEC/TS 62862-2-1《太阳能光热发电热储能系统通用特性》、IEC 62862-3-1《槽式太阳能光热发电站设计总体要求》、IEC 62862-4-1《塔式太阳能光热发电站设计总体要求》等标准。其中，IEC 62862-4-1《塔式太阳能光热发电站设计总体要求》由中国主持编制。

二、国内发展现状

我国塔式光热电站的研发在近十年取得较快进展。2012 年 8 月，在国家"863"项目支持下，中国能源建设集团有限公司（以下简称中国能建）所属中国电力工程顾问集团公司（以下简称中电工程）设计了，由中国科学院电工所建设延庆 1MW 水工质塔式光热发电试验电站。2013 年 7 月，由浙江中控太阳能技术有限公司投资建设，中国能建所属中电工程西北电力设计院有限公司设计的青海德令哈 10MW 工程（前期采用水工质，后改造为熔融盐工质）实现商业化运行，为国产塔式光热发电技术的规模化应用奠定了基础。国家能源局公布的首批 9 个塔式光热示范项目正在如火如荼地建设，具体项目情况见表 1-3。

表 1-3　　　　　　　　　　国内首批塔式光热发电示范项目

项目名称	所在地	容量（MW）	技术路线	业主
青海中控德令哈项目	青海德令哈	50	熔融盐塔式，6h 熔融盐储热	青海中控太阳能发电有限公司
北京首航敦煌项目	甘肃敦煌	100	熔融盐塔式，11h 熔融盐储热	北京首航艾启威节能技术股份有限公司
中国电建西北院共和项目	青海共和	50	熔融盐塔式，6h 熔融盐储热	中国电建西北勘测设计研究院有限公司
中国能建哈密项目	新疆哈密	50	熔融盐塔式，8h 熔融盐储热	中国电力工程顾问集团西北电力设计院有限公司
国电投黄河德令哈项目	青海德令哈	135	水工质塔式，3.7h 熔融盐储热	国电投黄河上游水电开发有限责任公司
三峡新能源金塔项目	甘肃金塔	100	熔融盐塔式，8h 熔融盐储热	中国三峡新能源有限公司
玉门鑫能项目	甘肃玉门	50	熔融盐塔式，熔融盐二次反射 6h	玉门鑫能光热第一电力有限公司
北京国华电力项目	甘肃玉门	100	熔融盐塔式，10h 熔融盐储热	北京国华电力有限责任公司
达华尚义项目	河北尚义	50	水工质塔式，4h 熔融盐储热	达华工程管理（集团）有限公司、中国科学院电工研究所

技术标准化方面，第一届全国太阳能光热发电标准化技术委员会 2017 年已经成立，该委员会在国际上对接 IEC/TC 117，旨在建立我国太阳能光热技术标准体系，组

织编制相关国家标准和 IEC/TC 117 国际标准，规范和指导光热电站建设。

三、发展趋势

塔式光热电站建设将向规模化、集群化发展。光热发电输出电力稳定，电力具有可调节性，随着储热技术的成熟及成本下降，电站也将实现连续运行模式，满足尖峰、中间或基础负荷电力市场需求，甚至承担区域性电网的调峰功能。光热—天然气联合发电、光热—生物质联合发电、光热—风电联合发电、光热—燃煤电站的梯级利用以及诸多能源方式的整合、系统集成，将成为一种广泛应用的发电方式。

对塔式太阳能光热发电设计技术而言，优化发电系统集成，改善传热介质，发展新型热力循环，采用大规模储热，提高系统规模等，是提高发电系统效率、节约成本的有益途径，也是未来的发展方向。

1. 高参数、 高效率集热技术

系统效率与集热温度密切相关。通过增大聚光比，提升集热温度，可以有效提高系统效率。因此，太阳能光热发电技术总体朝高参数、高效率方向发展。通过规模建设、技术改进、降本增效，太阳能光热发电成本将大幅度降低。

2. 空气为传热流体的塔式太阳能光热发电系统

空气作为传热流体有很多优点，如空气无成本、工作过程无相变、工作温度范围宽等，但空气吸热器的大型化、吸热器热效率低及直接储热困难等问题仍未得到妥善解决，该技术在近些年来发展缓慢。

3. 固体颗粒为传热流体和储热介质的塔式太阳能光热发电系统

固体颗粒的工作温度范围宽且不发生相变，可兼做储热介质，是近年来关注度较高的技术。美国、沙特、德国等已经有样机示范，但其吸热效率不高的技术问题仍有待解决，是未来一段时间内太阳能光热发电领域的一个研究热点。

4. 与超临界二氧化碳结合的太阳能光热发电系统

超临界二氧化碳具有临界点温度低（约 32℃），临界压力不高（约 7.4MPa）、工作温度范围密度较大（高于 $500kg/m^3$）等内在优势，采用其作为发电过程的工质可显著提高热功转换过程的效率。基于以高温熔融盐（700℃）、空气（700℃）、固体颗粒（800℃）等为传热流体的太阳能集热系统相结合，采用超临界二氧化碳透平进行发电，可以显著提高系统发电效率，是未来高效率发电的一种重要技术途径。

5. 大规模储热技术

当前可大规模应用于太阳能光热发电系统的只有双罐式熔融盐储热技术，虽然蒸汽储热器也可以工业应用，但由于受其经济性较差的限制，难以实现大容量长时间的储热。以陶瓷为储热材料的高温储热技术也得到一定的研究，但存在热效率低、成本高的不足，短期内难以被广泛推广。高温熔融盐、金属合金等高温相变潜热储热技术近年来受到了广泛关注，但由于成本高和运行可靠性差等问题，尚未实现较大规模的运行验证。针对双罐熔融盐储热系统中存在一个罐容积无法被利用的不足，单罐斜温层的熔融盐储热技术吸引了很多研究者的关注，但由于存在运行过程控制困难等内在因素限制，商业应用前还需必要的系统验证。

第四节　设计标准与关键技术

设计是工程建设的龙头，在太阳能热发电站的全生命周期中占有至关重要的地位。无论是根据自然条件进行站址选择，还是按照既定的工艺路线确定系统方案，把握好设计尺度，处理好设计过程中的重点和难点是项目成败的关键。

一、设计标准

GB/T 51307—2018《塔式太阳能光热发电站设计标准》是目前世界范围内的首部太阳能光热发电站设计标准，该标准结合国内外塔式太阳能光热发电最新技术和产业发展趋势，充分考虑我国塔式太阳能光热发电工程建设的实际情况，给出了设计时需要考虑的总体要求和技术条件，既符合当前的实际需要，又具有先进性和前瞻性。

该标准共分为 23 章，分别是总则，术语，基本规定，电力系统要求，太阳能资源评估，站址选择，总体规划，集热场布置，发电区布置，集热系统及设备，传热、储热及换热系统及设备，汽轮机设备及系统，水处理系统，信息系统，仪表与控制，电气设备及系统，水工设施及系统，辅助及附属设施，建筑与结构，供暖通风与空气调节，环境保护与水土保持，职业安全和职业卫生，消防。

为了便于设计人员使用方便，该标准采用和 GB 50660—2011《大中型火力发电厂设计规范》（以下简称《大火规》）相同的编排顺序。和《大火规》相比，该标准具有以下三个明显的特点：

（1）设置了太阳能资源评估和站址选择章节。太阳能资源评估章节对参考气象站有关资料的获取、现场观测站的设置与参数采集、太阳辐射数据验证与分析等进行了规范；站址选择章节则对主要的选址条件和要求进行了规范。而《大火规》没有前期设计阶段指导厂址选择的章节。

（2）对应《大火规》中的主厂房区域布置，该标准分成了集热场布置和发电区布置两章。集热场布置主要包括定日镜布置、吸热塔布置、安全防护和维护检修；发电区布置主要包括储热区域布置、蒸汽发生器区域布置、汽机房布置、辅助加热区域布置、集中控制室布置、维护检修和综合设施。

（3）《大火规》有锅炉设备及系统、除灰渣系统、烟气脱硫系统、烟气脱硝系统等锅炉系统章节，该标准针对太阳能光热发电特点，分别设置了集热系统及设备，传热、储热及换热系统及设备两章。集热系统及设备主要包括定日镜、吸热器和定日镜清洗装置；传热、储热及换热系统及设备主要包括传热系统及设备、储热系统及设备、换热系统及设备、辅助系统及设备。

二、设计关键技术

太阳能光热发电站设计中的关键技术涵盖前期站址选择、系统工艺及其设备、自动化系统、土建工程和运行维护等方面，涉及电站整体运行水平和安全性能的主要问题。在前期站址选择方面，主要包括太阳能光热资源评估、塔式太阳能光热发电站址的规划与选择、塔式太阳能光热电站光污染研究等三个方面。在光热发电工艺及设备方面，主要包含太阳能光热关键设备部件选型设计、镜场设计、储热系统设计、工艺系统集成设计等四个方面。在光热发电自动化方面，主要有控制系统设计和信息系统设计等两个方面。在电站土建方面，主要有吸热塔结构设计和定日镜结构设计两个方面。在运行维护方面，主要有光热电站消防设计和镜场清洗等两个方面。

1. 太阳能光热资源评估

建设太阳能光热发电站首先要选址，而选址的首要问题是对太阳能资源的基本状况进行评估，包括法向直射辐照度和典型太阳年等，并对相关地理条件、气候特征和基本气象要素进行适应性分析。应选择光热发电站站址所在地附近的参考气象站采集太阳能的辐射量以及其他相关气象数据，另外还需设置现场观测站连续测量直接辐射和总辐射值，之后对采集的太阳辐射观测数据进行验证与分析。

2. 塔式太阳能光热发电站站址选择

塔式太阳能光热发电站站址选择首先需要在法向直射资源丰富的区域，综合考虑国家可再生能源中长期发展规划、城乡规划、土地利用总体规划、地区自然条件、太阳能资源、辅助能源和水源供应、交通运输、接入系统、环境保护与水土保持、军事设施、矿产资源、文物保护、风景名胜与生态保护、饮用水源保护、地震地质条件等方面，通过全面的技术经济比较和分析，对站址进行论证和评价。

3. 塔式太阳能光热发电站光污染分析

相对于其他类型的发电站，塔式太阳能光热电站的光污染问题是电站建设与运行中需要关注的问题。针对光污染标准现状以及光污染对高空飞行、地面交通、鸟类等生物的影响进行调查分析，并提出相关站址选择和镜场布置建议。

4. 塔式太阳能光热关键设备部件选型设计

塔式太阳能光热发电的关键工艺系统主要是集热系统、传热系统、储热系统、换热系统和发电系统。以上关键工艺系统对应的关键设备部件主要包括定日镜、吸热器、蒸汽发生器（用于非水工质系统）、汽轮机组等，对以上设备以及传热工质、储热方式进行选型设计，并确定各主要设备的技术参数和性能指标。

5. 塔式太阳能光热发电站镜场设计

针对塔式太阳能光热发电站定日镜布置、吸热塔布置等进行设计研究，研究如何做到布局紧凑、合理，管线连接短捷、整齐。同时考虑地理位置、自然条件、场地范围、土地利用率等因素，合理设计吸热塔高度、定日镜与吸热塔的距离、定日镜间距离等。

6. 塔式太阳能光热储热系统设计

采用熔融盐储热设施，可以实现热能的大规模、低成本、长寿命储存，解决了可再生能源能量储存这一难题。针对塔式太阳能光热储热系统的系统组成、储热形式、关键技术、性能参数和技术指标进行设计研究，一方面对熔融盐储热系统进行分析，主要包括熔融盐泵、熔融盐蒸汽发生器、熔融盐系统伴热等，另一方面对熔融盐储热系统的相关计算进行研究，确定设计方案。

7. 塔式太阳能光热工艺系统集成设计

塔式太阳能光热工艺系统集成设计是电站整体设计的关键技术，主要包括定日镜系统、吸热系统、传热系统、换热系统、储热系统以及汽轮发电机系统等各子系统的集成设计。有效地将光能转化为热能，再将热能转化为电能，对关键工艺系统进行参数匹配和性能优化，给出合理方案。

8. 塔式太阳能光热发电站控制系统设计

塔式太阳能光热电站的定日镜场控制系统和全厂控制系统是电站的主要自动化系统。定日镜场控制系统具有特殊的控制方式，该系统的灵活性与准确性直接影响能源转化效率，而实现全厂控制的分散控制系统（distributed control system，DCS）是单元发电机组的大脑和指挥系统，承担了整个发电工艺流程的全程控制，也是电站人机交互的主要通道。

9. 塔式太阳能光热发电站信息系统设计

针对塔式光热电站全厂信息系统的总体规划、系统构架、主要功能等进行研究，确定厂级监控信息系统、管理信息系统、安全防范系统等的设置方式。鉴于太阳能光热发电系统的特殊性，大量信息的获取和分析可为电站设计优化和运行维护提供数据支撑。

10. 塔式太阳能光热发电站吸热塔结构设计

塔式太阳能光热电站吸热塔结构主要分为钢筋混凝土结构、钢结构和混合结构三种。吸热塔是塔式太阳能光热电站特有的建筑结构，不同于火电厂的烟囱，除应满足结构设计指标外，还应满足工艺设备的特殊要求。由于塔顶部布置有大质量吸热器，在风载作用较大的地区，还需采取减小结构振动位移的措施。

11. 塔式太阳能光热定日镜结构设计

作为塔式太阳能光热电站的特有设备和主要部件，定日镜的结构设计直接影响电站系统的安全可靠运行。分析塔式太阳能光热电站定日镜的结构类型，对定日镜的风荷载、风振变形进行研究，在理论研究的基础上，对定日镜结构进行优化设计，为定日镜结构的确定提供理论依据和技术支撑。

12. 塔式太阳能光热发电站消防设计

塔式太阳能光热电站的消防设计具有特殊性，是需要研究的重要课题。划分并确定电站的重点防火区域，针对集热区域和储热换热区域进行特殊消防的重点分析，包括定日镜场、吸热塔、储热介质和储热罐区的火灾危险性分类和耐火等级，以及防火间距和消防措施。

13. 塔式太阳能光热发电站镜场清洗技术

定日镜是塔式太阳能光热电站的关键部件，其洁净程度直接影响发电效率。如何对定日镜的镜面进行定期清洗，采取合适的清洗方案是电站设计需要考虑的特殊问题。对定日镜的清洗方式进行分析研究，对可能采取的清洗方式及其系统设置进行比较，确定合适的清洗方案。

chapter 2
第二章
太阳能光热资源评估

太阳能资源是所有太阳能发电项目的"燃料"来源，对太阳能光热发电系统而言，太阳能资源变化给太阳能光热电站的预期运维带来很大的不确定性，因此研究光热发电太阳能资源的质量和可靠性，对精确分析光热电站系统运行及财务指标可行性至关重要。太阳能辐射数据分析及资源评估工作涉及站址选择、发电量计算、电站设计及财务评价、电站的实时资源测量预报及电网调度整个过程，贯穿光热电站的全生命周期。

第一节　太　阳　辐　射

太阳能光热发电作为近些年来最具潜力的一种可再生能源，如何充分有效地利用开发，首先取决于对太阳能辐射资源的认知水平，因此科学合理地评估太阳能辐射资源非常重要。

太阳辐射是指太阳核聚变所产生的，并以电磁波或粒子流的形式发射到宇宙中的辐射能量，太阳辐射是地球表层能量的主要来源。

当太阳位于日地平均距离（一个天文单位 AU）时，单位时间内地球大气层上端垂直于太阳光线的单位面积上所获得的太阳辐射通量密度，称为太阳常数（SC），即进入地球大气的太阳辐射在单位面积内的总量。1981 年世界气象组织（WMO）的仪器和观测方法委员会（CIMO）公布的太阳常数值是（1367 ± 7）W/m^2。

光谱波长介于 $0.28\sim3\mu m$ 的电磁辐射称为短波辐射，波长 $0.1\sim0.4\mu m$ 的称为紫外辐射，$0.38\sim0.78\mu m$ 的称为可见光辐射，而 $0.78\sim1000\mu m$ 的称为红外辐射。太阳辐射能量的 97% 集中在 $0.29\sim3\mu m$ 波段范围内，电磁辐射波谱见图 2-1。

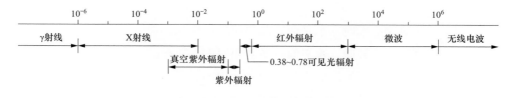

图 2-1　电磁辐射波谱（波长：μm）

在太阳辐射连续波谱中的紫外线、可见光和红外线，95% 的能量分布在 $0.3\sim2.4\mu m$ 范围。约一半的能量分布在可见光区，红外区占 43%，紫外区的太阳辐射能很少，约占总量的 7%。

太阳能辐射波进入大气层后，大气层内的某些化学元素和合成分子（例如空气中的臭氧、氧气、水蒸气、二氧化碳、灰尘等）对某些波段的太阳能辐射具有吸收、折射和反射作用，因而改变了其辐射方向，使得到达地球表面的太阳辐射受到极大的衰减。太阳辐射的衰减程度还与大气质量（AM）、大气透明度有关。大气对太阳辐射的吸收作用使到达地面的太阳辐射能总量降低，而大气的散射作用和反射作用使太阳能总辐射被分为太阳直接辐射和太阳散射辐射。

（水平面）总辐射［global（horizontal）radiation］即水平面从上方 2π 立体角（半球）范围内所接收到的直接辐射和散射辐射之和。法向直接辐射（direct normal radiation）即与太阳光线垂直的平面上接收到的直接辐射。从数值而言，直接辐射与法向直接辐射是相同的，两者区别在于直接辐射是从太阳出射的角度而定义，法向直接辐射是从地面入射的角度而定义。太阳散射辐射（diffuse radiation）即太阳辐射被空气分子、云和空气中的各种微粒分散成无方向性的，但不改变其单色组成的辐射。三种辐射地面观测示意图见图 2-2，（水平面）总辐照度 GHI（global horizontal irradiance）即水平面从上方 2π 立体角（半球）范围内单位时间、单位面积上接收到的总辐射能；（水平面）散射辐照度（diffuse horizontal irradiance）即水平面从上方 2π 立体角（半球）范围内单位时间、单位面积上接收到的散射辐射能；法向直接辐照度 DNI（direct normal irradiance）即与太阳光线垂直的平面上单位时间、单位面积上接收到的直接辐射能，其基本关系如下：

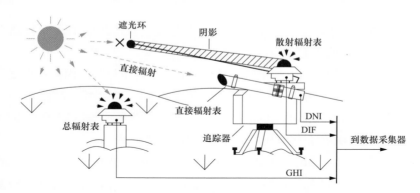

图 2-2　地面总辐射、散射辐射及法向直接辐射观测示意图

$$GHI = DIF + DNI \cdot \cos(\theta_z) \tag{2-1}$$

式中　GHI——某时刻的瞬时（水平面）总辐照度，W/m^2；

　　　DIF——某时刻的瞬时（水平面）散射辐照度，W/m^2；

　　　DNI——某时刻的瞬时法向直接辐照度，W/m^2；

　　　θ_z——天顶角，（°），与太阳高度角互为余角。

第二节　太阳能资源

太阳辐射能对于地球来说至关重要，地球气候完全受太阳辐射及其与地球大气、海洋和陆地相互作用的制约。太阳辐射如果出现微小变化，就会对大气、气候产生重大影响。太阳辐射能直接、间接地统治和支配着人类的各种活动。

一、我国太阳能资源分布特点

我国太阳总辐射分布，受季风气候、地形高度和纬度等因素的影响呈现某些特点，总的分布特点为高原大于平原，内陆大于沿海，干燥区大于湿润区。青藏高原为一稳定的高值区，高值中心在雅鲁藏布江流域一带，高值带由此向东北和东南延伸，北支可抵内蒙古高原，南支直抵横断山区，等值线在高原东部边缘密集。川黔山区因全年云量较多成为稳定的低值中心，并由此扩展至整个长江中下游及其以南的广大地区。塔里木盆地因气候干燥，全年多风沙，大气稳定度较差，总辐射也相对较小。

我国太阳散射辐射年分布总特点为低纬度地区大于高纬度地区，低海拔地区大于高海拔地区，干旱区大于湿润区。南疆沙漠地区是全国稳定的散射辐射高值中心，与该地区空气干燥、大气混浊和云状以中高云、积状云居多有关。由此中心向柴达木盆地、向东沿河西走廊至黄土高原一带形成一东西向高值带。华南和台湾的散射辐射因纬度较低而较强。青藏高原因为海拔很高，常年维持散射辐射的低中心。川黔山地、浙闽丘陵地区及黄淮下游地区年平均散射辐射也较小，成因与气候湿润、低云和雾较多有关。

我国太阳直接辐射气候分布特征，受季风气候和地形条件的影响，在很大程度上偏离纬向分布而具有地方特色。青藏高原为一强大的高值中心，并向河西走廊、内蒙古以及向东部和横断山脉雨影区扩展。这些地区或者由于气候干燥、海拔较高，或者由于背风坡地形条件，云量偏少，使得全年太阳直接辐射较强。低值区分布在四川盆地及其周围山区直到整个长江中下游一带。青藏高原东南侧及横断山脉的迎风坡地区、浙闽丘陵地区也是直接辐射的低值区。塔里木盆地地处青藏高原和天山之间，且大气混浊度大，也为一相对低值区。华南沿海和海南则因纬度较低，直接辐射较长江中下游有所增大。在长江以北的沿海地区，等值线大体与海岸线平行。

可以看出，全国法向直接辐射量最好区域分布在西藏地区、西部及内蒙古地区。年法向直接辐射辐照量大于 $1800kWh/m^2$ 的主要集中在青海海西地区、甘肃酒泉地区、新疆维吾尔自治区哈密东部地区、内蒙古西部及西藏大部分地区。

二、影响太阳能资源的自然因子

影响太阳能资源形成的自然因子主要有三类，即天文因子、大气因子和地表因子。另外，人类活动所引起的大气成分和地表状况的改变，也对太阳能资源产生附加影响。

1. 天文因子

影响太阳能辐射的天文因子包括太阳常数、太阳赤纬、太阳倾角、太阳高度角、日地距离和地理纬度。理论研究和大量实测结果表明，在一般情况下，太阳辐射量到达量是各地辐射交换过程中最主要分量。

2. 大气因子

太阳辐射在大气中传播，由于受空气分子、水汽以及气溶胶质粒的散射和吸收而削弱。这些物质对太阳辐射具有复杂的吸收谱带，要准确描述瞬时辐射传输过程是比较困难的。气候研究时要简单得多，一般不考虑大气成分的改变以及由此产生的对辐射的影响，主要考虑水汽和气溶胶含量变化的影响。由于大气中水汽含量可通过气象观测得到，因此它在辐射气候计算和分析研究中使用最多。云是大气中水汽相变的产物，它对辐射的影响很大。随着总云量的增多，太阳辐射发生相应变化，变化程度可因云状、地区不同而有所差异。各辐射分量的气候计算式通常以其晴天值乘以某一云量（或日照百分率）函数表示。气候分析时，应非常注意晴、阴天以及平均云量下的辐射对比。大气气溶胶的特征量不易取得，研究中常以某些相关的天气现象（如扬沙、尘暴、大风、霾等）日数间接表示，但远不及水汽资料直接、精确。

3. 地表因子

影响太阳能辐射的地表因子主要包括地理和下垫面状况两部分。

(1) 地理因子包括海拔、经纬度、坡地的坡向、坡度四个方面。随着海拔的增加，太阳直接辐射、总辐射、反射辐射、地表有效辐射都呈单调递增趋势，散射辐射和大气逆辐射则递减。坡地坡向、坡度的影响，主要通过改变太阳辐射和大气逆辐射投射角表现出来。理论和实测结果证实，这种影响是很大的，其中对太阳辐射分布所造成的影响最为突出。

(2) 下垫面状况主要指地表物理性质及其覆盖状况，如植被、雪被、水体以及裸地等几类，主要通过反射率差异表现出来，对辐射气候的形成起着非常重要的作用。

4. 人类活动因子

人类活动主要通过改变大气中气体成分及气溶胶含量，特别是改变局地地形和下垫面条件，从而影响各地辐射气候状况。

一般而言，空气品质越洁净、大气层越薄、气候越干燥，太阳直接辐射就越大。空气微粒浓度的增大都会削弱地面能够接收的太阳直接辐射量，因此光热电站应尽可能选在海拔高，空气干燥、洁净，风力小，无破坏性天气（沙暴、冰雹、大风等）的区域。

第三节　太阳能资源环境监测站

设立现场太阳能资源环境监测站（以下简称测光站）的主要目的是采集太阳能资源数据，准确获得特定位置的太阳辐照度和相关气象参数。理想情况下应将测光站设置在目标分析区域，然而在测光站现场选址中，需充分考虑当地气候环境、地形地貌、地物及遮蔽情况、规划布置等各种因素，并分析之间相互影响，从而降低地形和气候变化导致的太阳能资源在更大空间尺度上的变化。

太阳能资源的精确测量是太阳能电站项目设计和实施的关键。太阳辐照度测量设备相对复杂、昂贵，维护成本高，也仅适用于有限数量的代表性位置。太阳辐照测量可用于区域资源分析、工程系统设计、电站运维，也可用于开发测试远程卫星传感技术、建立地面气象观测模型和开发太阳能资源预测技术等方面。

一、太阳能资源环境监测站选址

测光站应选择在对项目区域太阳能资源有代表性的位置，应与项目位于同一区域，测量观测过程不受外部环境条件干扰。测光站位置除了接近目标区域外，还应结合测光站安全及交通、设备通信、电力供应、防雷与接地、日常维护及周边环境问题等因素进行综合权衡。

所选择的测光站，均要求其视野开阔，在日出和日落方位没有明显遮挡。在 2010 年举行的世界气象组织仪器和观测方法委员会上，对辐射等极易遭受环境影响的气象要素，建立了新的分级标准。辐射项目可分成 5 级，一级站可被视为一个标准参考站。其中总辐射及散射分级标准要求避免接近障碍物，当太阳高度角超过 5°时，没有阴影投射到传感器上；对于纬度不小于 60°的区域，这个角度限制降低到 3°。直射、日照时间分级标准要避免接近障碍物，当太阳高度角超过 3°时，没有阴影投射到传感器上。

在工程上，测光站一般选择在地势比较平坦地区；在北半球，应东、南、西面没有遮挡的障碍物，比如楼房、树、烟囱等；选择海拔比较高，位于上风向，远离水源地，远离排放废气、废水的工厂，交通稍微便利的地方。所以测光站最重要的要求是视野开阔，仪器周围除了操作人员外，避免其他人员走动，根据这个要求，空旷场地及部分建筑物顶部也值得考虑。

测光站布置上一般要求四周应设置约 1.2m 高的稀疏围栏，围栏不宜采用反光太强的材料，测光站围栏的门一般开在北面，场地应平整。测光站内仪器设施应互不影响，便于观测操作。高的仪器设施安置在北边，低的仪器设施安置在南边，各仪器设施东西排列成行，南北布设成列。观测员应从北面接近仪器，辐射观测仪器一般安装在观测场南面，观测仪器感应面不能受任何障碍物影响。因条件限制不能安装在空旷地带的观测仪器，如总辐射、直接辐射、散射辐射、日照以及风观测仪器，可安装在天空条件符合要求的屋顶平台上。反射辐射和净全辐射观测仪器安装在符合条件的，有代表性下垫面的地方。测光观测场的周围环境应符合《中华人民共和国气象法》以及有关气象观测环境保护的法规、规章和规范性文件的要求。

二、太阳能资源现场观测

太阳能辐射测量系统包括总辐射表、直接辐射表、散射辐射表、反射辐射表、净全辐射表五种观测仪器，以及相关数据采集仪、记录仪等设备。目前，我国气象部门有 98 个气象辐射观测站（一级站 17 个，二级站 33 个，三级站 48 个），其中只有气象辐射观测一级站有太阳直接辐射观测项目。由于国家气象辐射观测一级站的站点分布稀少，可被用来作为光热电站有代表性的辐射参证站的站点更少，远远不能满足日益发展的太阳能光热产业的开发需要，因此建立光热项目代表性测光站十分必要。

一般光热电站现场测光站，观测项目包括水平面总辐射、法向直接辐射、水平面散射辐射及气温、风速、风向、相对湿度、气压和降水量等环境气象要素。

由于气象部门气象辐射观测站观测地点固定，技术人员可定时进行巡检和维护，而光热项目测光站点常位于野外无人区，要求仪器的可靠性好、少维护、精度高。鉴于项目测站环境的特殊性，光热电站测光站会选用一些少维护的且自动化及精度较高的设备。目前常见的可用于太阳能资源测量的设备有以下几类：

1. 旋转式跟踪方式

利用一个可编程的旋转遮蔽带，间歇性地遮挡到达传感器的直接辐射，通过交替性的操作，作为简单的总辐射表来测量 GHI，或作为遮蔽带辐射表来测量 DHI，生成的数据等价于一个散射辐射表和一个总辐射表生成的数据。它的法向直接辐射不是直接测得的，而是间接推算出来的，仪器采用硅光电二极管，而不是与热电偶相连的黑体吸收器，温度和太阳光谱敏感度在宽波段辐射计中不可直接取用。由于仪器构造相对简单，受沙尘等因素影响小，现场维护工作量小，价格也相对便宜，多用于太阳能资源前期普查。

2. 无转动部件无遮光环的追踪方式

该设备能够同时测量总辐射、散射辐射和日照小时，计算直接辐射。操作简便，无需常规调整和极性排列，在任何纬度都可工作，无需太阳跟踪移动部件、遮光环或电动磁轨。它采用一排 7 个微型热堆传感器和控制器控制遮光方式来测量射入日光的直射和散射部分。遮光方式和微型热堆传感器的排放，使得无论太阳在什么位置，至少有 1 个热堆传感器完全暴露在阳光下，并且至少有 1 个完全在阴暗处。所有 7 个微型热堆传感器接收同样量的散射光。根据每个热堆的读数，微处理器计算出总辐射和散射的地面光线，并通过这些值算出法向直接辐射、日照时数等参数。可用于光热前期阶段资源测量或光伏电站资源测量。

3. 全自动双轴追踪方式

可自动追踪太阳运行路径，全自动运行，使用智能定位算法锁定太阳，内置计算机控制器，可实现自动 GPS 定位以及精确时钟定位。

太阳能辐射表传感器有热电传感器和光电传感器两类，太阳能资源辐射测量仪器选型前，应首先评估项目所要求的辐射数据精度和不确定性水平，可参照国际标准化组织 ISO 9060 或世界气象组织（WMO）颁布的辐射表的性能和指标进行等级选择。

太阳能观测系统通过选择不同的追踪方式，选装不同等级的辐射表来测量太阳能资源数据，适用于不同类型项目及不同阶段的太阳能资源评估。系统及主要配置仪器对比见表 2-1。

表 2-1　　　　　　　　　　太阳能辐射测量系统及主要配置仪器对比

跟踪方式	主要监测项目	主要应用范围
旋转式	总辐射、散射、（计算直接辐射）	多用于前期资源及评估
无跟踪部件，无遮光环或电动磁轨	总辐射、散射、（计算直接辐射）	多用于前期资源及评估、光伏项目资源及评估
全自动双轴追踪器	总辐射、散射、直接辐射	光热资源测量及评估

由于塔式光热电站镜场定日镜需要实时追踪太阳位置，实时测量法向直接辐射数据，对设备精度要求较高，因此，在现场维护有保障的基础上，光热项目太阳能资源测量推荐使用配备全自动双轴追踪系统、次基准级总辐射表和散射辐射表、一级直接辐射表，同时根据环境及项目需要，配备风速、风向、温度、相对湿度、气压等环境要素监测仪器。

随着太阳能热发电技术的发展、太阳能光热资源研究的深入，光热项目运维及调度对太阳能资源测量、监测及评估工作提出了更高的要求，将在太阳能资源测量中引入能见度仪、全天空成像仪、气溶胶监测仪、沙尘监测仪及卫星接收器等与太阳能资源相关的环境监测及预报测量设备，建立起一个光热电站的太阳能资源监测、评估、运维及预报的资源监测评估体系。

第四节　太阳能资源评估

太阳能资源评估工作是太阳能光热电站建设的前提和基础，依据典型太阳年数据对项目所在区域太阳能资源进行评价，并结合地理条件和气象要素进行综合分析。通过太阳能资源分析，使得光热站址选择在太阳能资源丰富、资源稳定的区域。除应在站址现场设置太阳能资源环境观测站，进行连续至少 1 年的法向直接辐射及相关环境气象要素观测外，还需收集光热发电站参证气象站（辐射站）或卫星再分析太阳能资源数据，对站址区域长期、不同设计水平年的太阳能资源状况及相关气象条件进行综合评估。

一、基本计算方法

当有法向直接辐射观测数据时，可直接计算某一时段的辐照度和辐照量。当缺少直接辐射实测数据时，可根据中国气象局申彦波、张悦等人起草的国家标准《太阳直接辐射计算导则》，依据实测数据和项目需求情况，选择合适的计算方法，在满足需求的前提下，尽可能降低计算误差。

（一）具备相关太阳辐射实测数据时的计算方法

1. 具备总辐射和散射辐射实测数据时的计算方法

根据总辐射、散射辐射和法向直接辐射之间的物理关系［参见式（2-1）］，计算法向直接辐射。

使用条件：只有在总辐射和散射辐射的实测数据具备分钟或小时值时，才能用于计算法向直接辐照度 DNI 和法向直接辐照量 DNR（在给定时间段内法向直接辐照度的积分总量，单位为 kWh/m²）。如果总辐射和散射辐射的实测数据仅有日值、月值或年值，只能用于计算水平面直接辐照度 DHI 和水平面直接辐照量 DHR（在给定时间段内水平面直接辐照度的积分总量，单位为 kWh/m²），不能用于计算 DNI 和 DNR。

2. 具备总辐射实测数据时的计算方法

先将总辐射进行直散分离，得到散射辐射和水平面直接辐射，进而计算法向直接辐射，参见式（2-1）。

由总辐射计算散射辐射，以晴空指数法为例：

$$DIF = GHI \cdot f(k_{\mathrm{T}}) \tag{2-2}$$

式中　k_{T}——晴空指数，即总辐射与地外太阳辐射的比值；

　　$f(k_{\mathrm{T}})$——散射辐射与晴空指数的经验关系。

$$\frac{\overline{DIF_{\mathrm{h}}}}{\overline{GHI_{\mathrm{h}}}} = \begin{cases} a_1 - a_2 k_{\mathrm{T}} & (0 \leqslant k_{\mathrm{T}} < 0.35) \\ a_3 - a_4 k_{\mathrm{T}} & (0.35 \leqslant k_{\mathrm{T}} \leqslant 0.75) \\ a_5 & (k_{\mathrm{T}} > 0.75) \end{cases} \tag{2-3}$$

式中　　$\overline{DIF_{\mathrm{h}}}$——小时平均的散射辐照度，W/m²；

　　　　$\overline{GHI_{\mathrm{h}}}$——小时平均的总辐照度，W/m²；

a_1、a_2、a_3、a_4、a_5——经验系数，取值可分别为 1.0、0.249、1.557、1.84、0.177。
　　　　　实际应用中，可根据周边有气候代表性的气象站的实测总辐射和散射辐射数据进行拟合确定。

此外，方程分段临界值 0.35 和 0.75，亦属于经验取值，可根据当地的实际拟合方程进行调整。

使用条件：式（2-3）仅适用于计算小时散射辐射，在此基础上可计算小时水平面直接辐射和小时法向直接辐射；对于日、月时间尺度的散射辐射，需另外建立经验关系，并在此基础上计算相应时间尺度的水平面直接辐射。

（二）不具备相关太阳辐射实测数据时的计算方法

1. 气候学统计方法

根据气候学原理，建立 DHR 和 DNR 与相关气象要素的统计关系，获得水平面直接辐射和法向直接辐射。建立水平面直接辐射与日照百分率、法向直接辐射与水平面直接辐射的经验关系：

$$DHR = E_0(a_6 s^2 + a_7 s + a_8) \tag{2-4}$$

$$DNR = a_9 (DHR/E_0)^{a_{10}} \cdot E_{\mathrm{N}}^{a_{11}} \tag{2-5}$$

式中　　　　　　s——日照百分率；

　　　　　　　E_0——地外太阳辐射辐照量，kWh/m²；

　　　　　　　E_{N}——地外法向辐射辐照量，kWh/m²；

a_6、a_7、a_8、a_9、a_{10}、a_{11}——经验系数，实际应用中需根据当地气候条件合理取值。

使用要求：由于统计方程的稳定性要求，本方法只适用于计算月或更长时间尺度的 DHR 和 DNR，以及相应时段平均的 $\overline{DHI}$ 和 $\overline{DNI}$。

2. 物理反演方法

当地面气象观测数据无法满足需求时，通常采用卫星遥感数据，因此该方法也称为卫星遥感反演方法。

根据辐射传输原理，对大气层中影响直接辐射的因子分别建立参数化方程，逐步计算到达地表的法向直接辐射。

常用的 DNI 计算方程如下：

$$DNI = EI \cdot \tau_{\mathrm{r}} \cdot \tau_{\mathrm{OZ}} \cdot \tau_{\mathrm{g}} \cdot \tau_{\mathrm{w}} \cdot \tau_{\mathrm{a}} \cdot \tau_{\mathrm{c}} \tag{2-6}$$

式中　EI——地外太阳辐射辐照度，$\mathrm{W/m^2}$；

　　　τ_{r}——瑞利散射透射比；

　　　τ_{OZ}——臭氧吸收透射比；

　　　τ_{g}——混合气体和痕量气体吸收透射比；

　　　τ_{w}——水汽吸收透射比；

　　　τ_{a}——气溶胶散射和吸收透射比；

　　　τ_{c}——云的散射和吸收透射比。

使用要求：本方法适用于计算瞬时、分钟或小时平均的 DNI 和 DHI 以及 DHR 和 DNR，对于日平均值（日总量）、月平均值（月总量）、年平均值（年总量），则只需将计算结果进行相应时段的平均或累加即可。

总之，通过以上基本计算方法得到的直接辐射，需要对太阳直接辐射结果的准确性进行检验，给出误差分析结果。

二、太阳能光热资源评估

光热发电项目不同设计阶段，太阳能资源数据要求及内容分析深度不同。在规划选址阶段，通过收集不同站址区域太阳能辐射资料，包括站址附近有代表性的辐射站、辐射资源卫星数据及各种辐射区域分布图表，了解收集站址影响辐射气候形成的自然因子，必要时对现场进行踏勘，对不同站址处太阳能资源进行对比分析和站址初步筛选。初可研阶段，结合已有地面辐射数据以及长系列模型生成数据，分析资源的时空变化、年值变化及不确定度分析。可研阶段，结合现场短期测光数据以及站址处长系列模型生成数据，分析资源小时变化、年际及年内变化及初步典型气象年（typical meteorological year，TMY）数据。初设阶段及施工图阶段，结合站址至少一年测光数据，以及站址代表参证站长系列或卫星模型更新数据，分析资源分钟变化、日变化及最终 TMY 数据。运行维护阶段，结合测光站连续多年高质量测光数据以及站址处连续长系列模型更新数据，得到高质量光资源预报数据，不断降低资源评估的不确定度。

（一）太阳能资源数据

根据 IEC TS 62862，太阳辐射数据集（ASR）可理解为太阳能光热电站项目生产及研究建立的一个完整的标准化的太阳资源数据集，它包括相关的气象要素和能反映特定区域辐射的年变化、各水平年的数据系列。

资源数据来源可分为直接测量数据、间接测量数据、派生数据、合成（插值）数据、卫星数据（卫星图像数据）及气象模型数据（数值天气预报模型数据）几大类。

太阳能光热现场直接测量数据主要包括法向直接辐射、水平面总辐射、水平面散射辐射外，还包括干球温度、风速、风向、气压和相对湿度等环境因素。

太阳能资源数据对项目位置应有较好代表性，包括时间代表性和空间代表性。太阳能资源数据能够反映最近 10 年以上的太阳能资源变化特征，应至少具备逐时数据系列。对于地形复杂地区，除满足上述条件外，还须考虑测光站位置与所评估的太阳能项目附近地形，两地之间是否有高大地形差异、城市或高耸建筑等影响。

太阳能资源数据系列可分为短期实测数据和长序列历史数据。短期实测数据一般指站址现场直接观测的，时间至少 1 年以上连续、完整的太阳能资源各要素实测数据，数据记录间隔通常为 10min 或 1min 数据，有效数据完整率应不低于 90%，实测数据必须通过完整性、合理性和有效性的数据验证，对缺测和不合理数据应进行插补，验证插补后的小时数据有效数据完整率应达到 100%。长序列历史数据一般指时间序列至少有 10 年以上的法向直接辐射小时数据。如站址附近有国家级辐射观测站，可以将该观测站作为参证站进行分析。如果没有，可选用基于卫星遥感反演、数值模拟或其他方法推算得到该区域的长序列历史反演数据，用于太阳能资源评估，但在采用此类数据时，必须结合同期实测数据进行数据匹配修正，可采用比值法或相关法等方法将其订正为站址处长系列数据。

（二）太阳能资源评估代表年数据

可结合当地的气候变化特点，挑选至少最近 10 年以上长时间序列数据进行分析，太阳能资源分析可采用气候平均法、频率最大法或典型气象年法等方法。

目前光热项目太阳能资源评估采用最多的方法是典型气象年法，即 TMY 方法，综合考虑影响待评估区域大气环境状况的太阳辐射、气温、相对湿度、风速、气压以及露点温度等气象要素，计算各气象要素的长期累积分布函数和逐年逐时刻（月）累积分布函数，根据当地气候及太阳能资源特点，赋予各气象要素合理的权重系数，挑选与所选时刻（月）的长期累积分布函数最接近的典型时刻（月），组成 1 年完整时间序列数据，成为该光热电站太阳能资源代表年时间序列数据。

（三）太阳能资源评估等级

法向直接辐射是评价光热电站太阳能资源的关键要素。根据目前光热发电技术，日平均法向直接辐射达到 5kWh/m² 以上才具有可开发价值。我国土地广阔，日照丰富，全国各地平均日辐射量差异较大，从东南部低于 2kWh/m² 到西部大于 9kWh/m² 不等。太阳能辐照量的大小、资源质量，对于降低太阳能光热发电系统的成本具有重要意义。根据目前光热设备制造能力、技术成熟程度和价格水平，年法向直接辐射量高于 1800kWh/m² 的地区采用聚光太阳能发电有开发价值。我国西部和北部的大部分地区，如西藏、内蒙古、新疆、青海、甘肃等地的部分地区年平均辐射量都大于

$1800kWh/m^2$，是建设太阳能电站的理想区域。

太阳能资源的丰富程度一般通过太阳能资源等级进行划分，可参考 DL/T 5158—2012《电力工程气象勘测技术规程》，见表 2-2。

表 2-2　　　　　　　　　光热电站太阳直接辐射资源丰富程度评估标准

等级	年法向直接辐照量 DNR（MJ/m^2）	丰富程度	应用于并网太阳能发电
1	≥8840	很丰富	很好
2	7580～8840	丰富	好
3	6320～7580	较丰富	较好
4	5050～6320	一般	一般
5	<5050	贫乏	

太阳能资源稳定程度或太阳能资源品质，可根据不同时段法向直接辐射辐照量的变差系数，优、良、劣日数，太阳能资源要素累计频率分布等情况进行综合分析。光热电站除了法向太阳直接辐射外，还需要了解当地的气象特征，如云的特征、大气气溶胶（AOD）、水蒸气等气象特征，对聚热系统存在威胁的大风风速及其风向频率，冰雹直径和速度，雷暴日数，影响地面接收直接辐射的天气现象包括雨、雾、雪、沙、霾和烟幕，还有其他常规的气压、干湿球温度、湿度、降水量等气象要素。

总之，太阳能光热资源评估是一项较复杂而困难的工作，涉及评估要素较多且相互关联，太阳能资源要素在不同区域特性也不尽相同，资源的品质存在差异，但均直接或间接影响着光热电站电源质量和发电小时数，因此需结合不同站址地区不同的气候环境特征，对站址处太阳能资源进行综合分析评估。

chapter 3

第三章
塔式太阳能光热发电站站址选择

塔式太阳能光热发电站的站址选择是建设前期的重要环节，同时也是一项综合性的工程技术工作。站址选择不仅会影响电站投资和经济性，也对当地环境和经济发展产生影响。站址选择内容广泛而复杂，涉及政策、经济、技术等多方面因素，其主要特点有政策性、全面性、长远性、综合性。

站址选择中的政策性主要涉及国家和地方的一些法规和政策，如可再生能源相关政策、土地政策、环境政策、城乡规划等法规。

站址选择的全面性主要涉及站址区域内的自然资源、自然条件、社会条件以及地区内的工业企业结构等。

站址选择中的长远性指的是站址选择合理与否，不仅影响项目的一次性投资，影响建设期限，项目投产后还会长期对电站的生产、经营、发展、环保产生作用，这种作用会持续几十年甚至更长时间。

站址选择是一项政策性和技术性均很强的综合性工作，将直接影响电站的投资和建设，站址选择中遗留的先天性原则问题，在电站的建设和运行阶段是很难克服和改正的。因此，站址选择中要具有政策观、全局观、长远观，将经济效益、社会效益和环境效益，近期利益和长远利益统一起来。

站址选择除遵循国家和地方政策法规外，还要落实站址的各项外部条件，涉及多方面的内容，如电网结构、电力负荷、太阳能资源、辅助能源供应、水源、交通及大件设备运输、环境保护、出线走廊、地形、地质、地震、水文、气象、用地与拆迁、施工以及周边企业对电站的影响等因素，通过拟定初步方案和全面的技术经济比较和分析，对站址条件进行论证和评价。

本章将对塔式太阳能光热发电站的站址选择过程中不同于其他电站的主要因素如太阳能资源、气象条件、水源、光污染、场地条件等相关方面进行分析和研究，用以指导站址选择工作。

第一节 太阳能资源条件

我国有着十分丰富的太阳能资源，三分之二的国土面积年日照小时数在 2200h 以上，年太阳辐射总量大于 $5000MJ/m^2$，属于太阳能利用条件较好的地区。西藏、青海、新疆、甘肃、内蒙古、山西、陕西、河北等地区的太阳辐射能量较大，尤其是青藏高

原地区太阳能资源最为丰富。我国年平均太阳法向直射辐照量（DNR）约为
1427kWh/m²，西藏西南部、青海北部、甘肃西北部、内蒙古西北部、新疆东部的太阳
能直射资源十分丰富，而我国东部及东南部地区的年 DNR 值普遍小于 1000kWh/m²。我
国太阳辐射总体上呈现出以内蒙古中西部—宁夏—甘肃西北部—四川西部—云南西北部
为分界线的西高东低分布特征：分界线以西大部分地区年 DNR 值在 1400kWh/m² 以上，
同时呈现南高北低的纬向分布；分界线以东地区小于 1400kWh/m²，以华北地区为最大。

我国西部地区太阳能辐射年总量呈南高北低分布，其中西藏南部（除山南地区
外）、柴达木盆地较高，而新疆塔里木、吐鲁番盆地太阳辐射相对较低，两个低值分区
为天山附近、西藏山南地区。

东部地区以华北年辐射总量最大，东南、东北地区太阳辐射较低，其中北纬 20°~
40°地区，太阳辐射随纬度增加而降低。影响东部地区太阳辐射分布的主要因素是大气
环流造成的云量分布，该地区受海洋潮湿气流影响，中低云量较多，削弱到达地面的
太阳辐射；东北地区太阳高度对该地区的太阳辐射分布起主导作用，该地区纬度较高，
太阳高度角低，辐射经过大气层的光学路径较长，削弱较多，年辐射总量相对较低。

青藏高原南部（除山南地区外）是一个较大范围的太阳辐射年总量高值中心，这
是由于该地区海拔高，太阳辐射在大气层中的损失少，到达地面的太阳辐射较强。青
藏高原北部的柴达木盆地、阿尔金山、昆仑山地区也是一个相对高值区。

我国太阳辐射年总量的两个低值中心为青藏高原东麓背风坡—四川盆地地区及西
藏山南地区。

太阳能资源是塔式太阳能光热发电站站址选择的关键因素之一。站址选择时，需
要对站址所在区域太阳能资源的基本状况进行分析，塔式太阳能光热发电利用的是太
阳法向直射辐射资源 DNR，而不是总辐射量。DNR 对电站的经济性有着极大的影响，
站址选择时应使站址区年 DNR 值尽量大。同时，还需要站址区域的太阳能资源的日变
化小，光照时间长。

目前我国第一批光热示范项目中的 9 个塔式光热电站集中分布在西部和华北地区，
其中青海省德令哈、格尔木 3 个，甘肃省玉门、敦煌地区 4 个，新疆哈密地区 1 个，华
北张北地区 1 个。这些区域的共同特点是太阳能辐射强度大、年光照时间长，辐射分
布年际变化基本稳定，厂址区域的年 DNR 基本上均在 1800kWh/m² 以上。

国外现已建的塔式太阳能光热项目年 DNR 值和年发电量详见表 3-1。

表 3-1　　　　　　　国外部分塔式光热项目年 DNR 值与发电量

名称	技术路线	投产年份	地点	机组容量（MW）	储热时长（h）	年 DNR 值（kWh/m²）	年发电量（MWh）
PS10	水工质	2007	西班牙	11	1	2012	23400
Ivanpah	水工质	2013	美国	392	0	2717	1080000
Khi Solar one	水工质	2016	南非	50	2	2800	190000

名称	技术路线	投产年份	地点	机组容量（MW）	储热时长（h）	年 DNR 值（kWh/m²）	年发电量（MWh）
Gemasolar	熔融盐	2011	西班牙	20	15	2172	110000
Cresent Dunes	熔融盐	2015	美国	110	10	2685	485000
摩洛哥 noor3	熔融盐	在建	摩洛哥	150	8	2359	—

从表 3-1 可看出，国外大部分的光热发电站所在地区年 DNR 值都大于 2000kWh/m²，参考国外公司的有关资料及目前的研究成果，考虑到我国的实际情况，现阶段通常适宜的站址区年 DNR 值不小于 1800kWh/m² 时商业开发价值较好，如果低于此值，电站的经济性将会受影响。如果站址区年 DNR 值小于 1600kWh/m²，电站的经济性将大打折扣。

年 DNR 值对光热发电成本有较大的影响，根据国际可再生能源署（IRENA）的相关研究结论，年 DNR 值每增加 100kWh/m²，发电成本下降约 4.5%。因此，站址选择时，需要首先考虑直接辐射资源情况，尽可能将厂址选在直接辐射量高，太阳能资源丰富，太阳光照时间长且日变化小，区域年 DNR 值大的地区。

第二节 气象条件

良好的气象条件、充足的日照、丰富的太阳能资源，对提高太阳能光热发电站的发电量是有积极作用的，其中对太阳能光热发电影响较大的气象因素是空气质量、风速和云状况。

一、空气质量

站址选择时，需要关注站址所在区域空气质量、沙尘、大气扩散条件和周边有无可能产生污染的项目。

光气候数据是光热发电站利用天然光的重要因素，而光气候数据包含水平总照度、漫射光照度、各方向垂直照度、天空亮度、云量、日照时间及大气透明度等内容。而最核心的内容是光照度和天空亮度分布，国际上通过国际采光年（IDMP）计划积累了部分城市（包括中国北京和重庆）的光气候观测数据，而国际照明委员会（CIE）也颁布涵盖多数天空类型的 15 类天空标准，这些研究工作促进了世界各地天然光的运用。

HJ 633—2012《环境空气质量指数（AQI）技术规定（试行）》规定：空气质量指数划分为 0～50、51～100、101～150、151～200、201～300 和大于 300 六档，分别对应于空气质量的六个级别：一级优，二级良，三级轻度污染，四级中度污染，五级重度污染，六级严重污染。指数越大，级别越高，说明污染越严重，对光照的影响也越明显。

经过统计研究，年中度污染及以上（AQI 大于 150）天数大于 100 天的城市及城市周边区域，空气污染对光气候数据的影响较大，导致 DNI 会有明显下降，不适合作为光热发电站的选址。

据相关气象资料显示，我国太阳能资源极丰富地区之一的新疆南部，是沙尘天气时间最长的区域，年均可长达 100 天。这对太阳能光热发电站的运行维护和提高集热系统的效率均有不利影响。西藏、新疆北部、青海西部受沙尘影响不是很大。

塔式太阳能光热发电站利用定日镜将太阳射线聚集到吸热塔上，定日镜场的光学效率是和发电量密切相关的，如果电站所在环境恶劣或者受空气中灰尘的影响，不但会降低太阳的辐射强度，降低反射光线透射度，同时会导致定日镜的反射率损失加大，使集热系统效率下降，电站的发电量减少。

相关机构曾对站址区域的灰尘对镜面反射率的影响进行了实地试验和研究，结论表明，当镜面曝露在外 9～30d 时，光谱发射率的平均损失是每天 0.5%～1%。对于一个电站来说，如果清洁的周期是 10 天，在相对清洁的状态下，电站的平均反射率是 92%～94%。对于镜面系统而言，灰尘对反射率的影响造成的经济效率损失是最大的。

除太阳直射光外，到达地面的散射光主要是来自大气气溶胶（AOD）对太阳光的散射。在不利于扩散的气象条件下，大量污染物集中排放到大气中，多种污染物之间将发生复杂的相互作用，形成大气复合污染和霾现象，也会导致大气的浑浊度和光气候相应发生变化，进而使地面总照度发生变化，对光热电站产生不利影响。

对于塔式太阳能光热发电站还需要考虑大气透过率，大气透过率与当地扬沙的程度有关。大气透过率分析中大气衰减主要有分子吸收、分子散射、大气气溶胶的衰减及消光系数。大气气溶胶对光波的衰减包括气溶胶的散射和吸收。我国沙尘气溶胶主要来源于新疆、甘肃、内蒙古的沙漠以及黄土高原等干旱和半干旱区。光波在大气中传播时，大气气体分子及气溶胶的吸收和散射会引起光束能量衰减，空气折射率不均匀会引起光波振幅和相位起伏。

因此，在站址选择的过程中，尽量避开空气经常受污染的区域，如有必要，需要评估站址受粉尘污染影响的风险，还需对站址区域的大气气溶胶进行监测。

二、云状况

太阳能总辐射分布是纬度、地形和大气环流条件综合影响的结果，前两者的影响相对比较固定，只有大气环流条件影响的变异性最大。大气环流对总辐射分布的影响主要是通过云状况演变反映。

云是悬浮在大气中的小水滴、过冷水滴、冰晶或它们的混合物组成的可见聚合体，有时也包含有一些较大的雨滴、冰粒和雪晶。云量的变化直接影响日照，影响发电量。

我国多云区域主要在西南东部、东北东部、新疆西北部、云贵川、华南、江南等地，年平均总云量超过 65%。这些地方云量多主要与西南季风、水汽供应充足和高原的动力作用有关。云量偏少区域位于北方干旱区域，包括新疆北部、内蒙古东部、东北西部、华北北部、青藏高原等。

对于太阳能光热发电站而言，云遮天气不能忽视，有云天气是影响发电量的主要因素。在有云天气下，为适应云的变化，吸热器频繁启停会使弃光率增加，直接影响发电量。

云量的多少除和所在地区大的气候环境有关外，还与局部小气候有很大的关系，电站选址应尽量避免局部对流条件地区。如我国西部某项目，站址所在地标高约为3020m，北侧为海拔约4000多米的高山和群山，北侧山区的气候变化多样，站址受局部小气候的影响较大，站址区域多云和多雨天气出现的概率较大，在一定程度上影响发电量。

综上，站址选择时要关注云量及局地小气候对太阳能光热发电站的影响，有条件时，站址厂址尽量远离山脉。

三、风速

风速虽不是影响塔式太阳能光热电站选址的主要因素，但在极端条件下的强风对发电站某些部件强度设计有很大影响。而且风也是影响太阳能光热有效发电小时数和发电效率以及设备运行可靠性的重要指标之一。最大工作风速增大，定日镜结构成本提高，但系统运行时间增多，发电量相对增加，因此需要根据技术经济比选，合理确定最大工作风速。

塔式太阳能光热发电站定日镜工作时，需要以一定倾角跟踪太阳，当遇到较大的环境风速时，由风引起的作用在反射镜面的巨大扭矩可能阻挡定日镜的正常转动，定日镜传动装置需要能输出足够大的扭矩以克服风载荷阻力。

在有风条件下，受环境风荷载的影响，定日镜反射镜面的角度随风荷载变化发生振动，导致投射到吸热器的光斑振荡，偏离了预期投射位置，降低了实际的跟踪精度。

同时，定日镜强度设计有一定的范围，为保护装置，当风速超过限定值时，定日镜会自动退出工作。

塔式太阳能光热发电站宜选择在年均风速、最大风速相对较小的区域建设，否则风速过大，会导致定日镜场的支撑结构成本增加，减少电站的年运行时间，使电站平均效率下降。

第三节　水　源　条　件

我国规模运行的光热电站大多集中在太阳能资源丰富的地区，这些地区基本上位于北方，气候干旱，雨量稀少，大多数处于水资源条件极度匮乏的区域，因此水资源条件也成为光热发电站站址选择的重要因素之一。

塔式太阳能光热发电站由太阳能提供热量，再由汽轮发电机组发电。站区用水通常由生产用水和生活用水组成。生产用水主要有补给水、设备冷却水、镜面冲洗水、消防用水等。目前，大多数的光热电站主机和辅机冷却系统均采用空冷，耗水量大幅度下降。表 3-2 列举了几个不同项目的用水量和耗水指标。

表 3-2 不同容量塔式太阳能光热电站参考耗水指标

序号	机组容量	全厂年平均耗水量（m³/h）	全厂夏季10%气象条件时耗水量（m³/h）	年总用水量（万 m³）	设计耗水指标（m³/MW）	备注（主机、辅机冷却形式）
1	1×10MW	50.6	59.6	18.4	1.66	主机、辅机均采用湿冷
2	1×50MW	132	159	111.54	0.883	主机、辅机均采用湿冷
		24	26	14.75	0.144	主机空冷、辅机湿冷
		17	17	10.33	0.094	主机、辅机均采用空冷

注 1. 全厂夏季10%气象条件时耗水量按频率10%气象条件计算。
　　2. 全厂年平均耗水量按年平均气象条件计算。
　　3. 年总取水量计算，其中化学补给水量按机组年运行3451h计算，生活用水按8760h计算，其他部分工业水按7000h计算，管网漏损系数按1.1计算。

从表 3-2 中可以看出，塔式太阳能光热发电站的耗水指标相对较小，在站址选择中，电站的水源要落实可靠。同时在确定水源的供水能力时，要考虑当地农业、工业和其他用水情况及水利规划对水源变化的影响，合理确定水源、取水量和取水地点，并开展相关的论证工作，取得有关部门的书面同意文件，执行水行政主管部门对取水许可的批复意见。

光热电站的水源，优先利用城市再生水和矿井排水，控制使用地下水；生产用水尽量避免利用地下水。

第四节 光污染影响

太阳能光热电站不排放硫氧化物、氮氧化物和温室气体，对周边环境的影响相对较小，其对外污染物主要为光污染。

光污染是继废气、废水、废渣和噪声等污染之后的一种新的环境污染源，主要包括白亮污染、人工白昼污染和彩光污染。过量的光辐射会对人类生活、生产环境、生态造成不良影响。

光污染的主要特点为局部性、不残留性、相对性。局部性指的是光污染随距离的增加而迅速减弱；不残留性指的是在环境中光源消失，污染即消失；相对性指的是只有在一定的环境背景下才会有光污染，光污染是相对于背景而言的。

塔式太阳能光热发电站，定日镜的反射光和吸热器的集中光束会形成一个很亮的光斑，形成一定的光污染。光污染的主要影响有眩光、对高空飞行影响、对地面交通影响和对鸟类影响等方面。

对于塔式太阳能光热发电站的眩光问题，2014 年上半年，美国 NRG 能源公司曾组织专门的团队进行研究，以此来量化 Ivanpah 电站的光污染水平。在其研究成果中指出，在不超过 6 英里（约 10km）的地方看 Ivanpah 电站的定日镜，给人眼造成的眩光是暂时的，不会造成永久性伤害。其中，对高空环境产生影响的主要光源来自于接收器两侧因备用定日镜聚焦产生反射光，接收器散射的光与之相比要小很多。在各种情况下，由于备用定日镜处于放置状态，备用定日镜反射的光聚焦的光点也会围绕接收器放置产生圆环。

对于高空眩光对飞行的影响，初步估计不大。美国联邦航空管理局（FAA）称，在 2014 年 5 月，约有 12000 班次的航班从 Ivanpah 电站 15 英里范围内的上空飞过，仅有很少的飞行投诉被提交给加州能源委员会备案，其中多在 2013 年 8 月电站调试期间，当时对定日镜的方位校正比较频繁。在该电站 2014 年 2 月正式投运后，很少出现类似投诉。

对于塔式太阳能光热发电站，定日镜的反射光和吸热器的集中光束会形成一个很亮的光斑，形成一定的光污染，这可能会对电站所在地区的鸟类生活造成影响，候鸟亦会因为光污染影响而迷失方向。

对鸟类的影响，美国加州能源委员会针对 Ivanpah 电站曾发布了一项名为 "Ivan-pah 鸟类影响监管年度报告" 的综合性分析报告，分析了 2013 年 10 月至 2014 年 10 月一年间 Ivanpah 电站对鸟类的影响。报告指出：在 Ivanpah 电站完工后的第一个整年，其对鸟类的生活造成的影响较小。

为减少光热电站对周边的环境影响，在塔式光热电站选址时，尽可能避开鸟类栖息区和候鸟迁徙路线。

第五节　场　地　条　件

站址选择时除需要考虑站址所在地太阳能资源、是否压覆矿产、有无文物及与周围其他设施的关系，如水源的远近、燃料运输的距离、出线走向、当地城市规划的要求、交通运输等因素外，场地自身的条件如面积大小、地质情况、土地利用情况、土方工程量、防排洪等也是站址选择中的重要因素，需要引起特别关注。

一、土地利用

塔式太阳能光热电站系统通过对定日镜的控制，实现对太阳的最佳跟踪，从而将太阳的反射光准确聚焦到吸热器中，使传热介质受热升温，进入蒸汽发生器产生蒸汽，最终驱动汽轮机组进行发电。因此，塔式光热电站集热场的大小直接决定着电站的规模和经济性。

表 3-3 列出了几个典型塔式光热电站的用地指标。表 3-4 为根据我国 2015 年发布的《光伏发电站工程项目用地控制指标》统计的纬度 35°、光伏组件效率为 18%、升压站采用 110kV 时，容量为 10MW 的不同类型场地光伏电站用地指标。

表 3-3　　　　　　　　　　　典型塔式光热发电站用地指标表

名称	国家	机组容量（MW）	定日镜数量	塔高（m）	储热介质	占地面积（hm²）	投运年份	单位容量面积（hm²/MW）
Solar one	美国	10	1818	85	导热油/岩石	38.7	1982	3.87
PS10	西班牙	11	624	115	饱和汽 1h	55	2007	5
Crescent Dunes	美国	110	17170	165	熔融盐 10h	647	2015	5.88
Ivanpah	美国	126+2×133	58000（单塔）	140	无	1420	2015	3.62
延庆八达岭	中国	1.5	110			9.23	2011	6.15
中控德令哈一期（10MW）	中国	10			熔融盐	40	2011	4.0
中控德令哈二期（50MW）	中国	50	27135	200	熔融盐	243	在建	4.86
中国能建哈密一期	中国	50	14564	200	熔融盐	310.33	在建	6.21
摩洛哥 noorⅢ	摩洛哥	150	7400	248	熔融盐 8.0h	583	在建	3.89
Ashalim	以色列	121	55000	250	熔融盐 4.5h	315	在建	2.6

表 3-4　　　　　　　　纬度 35°、容量 10MW 光伏电站用地指标表

场地类型	固定式	平单轴	斜单轴	双轴
Ⅰ类地区（hm²）	17.384	17.966	30.283	32.863
Ⅱ类地区（hm²）	22.114	22.871	38.883	42.238

注　表中数据是按照光伏组件效率 18% 考虑。

2013 年 7 月美国 NRNL 公开发布的《Land-Use Requirements for Solar Power Plants in the United States》中对太阳能光伏和太阳能光热项目的用地进行分析和对比，表 3-5 为光伏和光热用地概况统计表，其中的光热项目选取自当时美国的 25 个项目，其中线性菲涅尔项目 1 个，碟式项目 1 个。

表 3-5　　　　　　　　　　美国光伏和光热项目用地概况统计表

技术路线	光伏项目			光热项目			
	固定式	单轴跟踪	双轴跟踪	塔式	槽式	碟式	线性菲涅耳式
用地面积（hm²/MW）	3.04	3.36	3.28	4.05	3.846	4.05	1.9

从表 3-3～表 3-5 可以看出规模化、商业化运行的塔式太阳能光热电站的单位容量用地面积较同规模的光伏电站用地要大。

塔式太阳能光热电站用地面积与项目所在区域的 DNI 值、地形条件、储热时长、定日镜性能等都有着很大的关系。装机容量相同的光热电站，在不同储热时长条件下，占地面积也会有所不同。通常储能 6～10h 的塔式太阳能光热项目的用地指标初估基本上在 4.0～5.0hm²/MW。

塔式太阳能光热电站大规模的用地需求量，使得站址选择的过程对于土地性质的要求更加严格，除需遵守国家相应的土地政策，选择时要优先考虑荒地及非农业用地，避免占用农业用地、林地等。

综上，在站址选择的过程中要有足够的土地资源，直射太阳能资源丰富的荒地，土地空置率高的半固定、固定沙地、沙丘和洪积及冲积戈壁地区是建设的最佳选择。

二、地形条件

塔式太阳能光热发电站除用地面积大的特点，对站址地形的要求也有较常规电站特殊之处。

塔式太阳能光热电站对地形的敏感度相对较小，站址选择时尽量选择在地势较平坦区域。同时由于塔式光热电站依靠定日镜将太阳光反射到吸热器内，为避免遮挡损失，降低定日镜支架和基础工程量，在北半球，站址应尽量选择在地形北高南低、东西方向基本水平的平缓场地。另外，站址应开阔，周边不应有高大的山体和建筑物，尽可能减少定日镜的阴影损失。

由于站址面积大，为追求效益最大化，降低工程初投资，原则上塔式太阳能光热发电站的场地不进行大范围的场地平整，只是对局部起伏较大的区域进行部分场平，充分利用场地内的排水通道。通常认为当场地坡地大于 5%（也有项目大于 7%）时，才进行局部平整，土方则尽可能在站址范围内进行统筹整体平衡，不外运或外购。

三、防洪标准

塔式光热发电站是新型的发电模式，现阶段我国已运行投产的项目较少，其防洪标准的制定还处于探索阶段，没有统一的标准。塔式光热电站的特点是单机容量相对较小，但占地面积很大，投资较高。

防洪标准的制定要考虑我国现阶段的经济社会条件和可持续发展的要求，标准的制定应适中：标准太高，将耗费大量的投资，浪费成本；标准过低则不能起到防护目的，造成较大的经济损失。标准制定应遵循具有一定的防洪安全度，承担一定的风险，经济上基本合理，技术上切实可行的原则。

现行的国家标准 GB 50201—2014《防洪标准》中 5.0.1 条提出了关于工矿企业的防护等级和防洪标准，见表 3-6。

表 3-6　　　　　　　　　　工矿企业的防护等级和防洪标准

防护等级	工矿企业规模	防洪标准 [重现期（年）]
Ⅰ	特大型	200～100
Ⅱ	大型	100～50
Ⅲ	中型	50～20
Ⅳ	小型	20～10

注　各类工矿企业的规模按国家现行规定划分。

由表 3-6 可以看出，确定防洪标准前需确定防护等级，而防护等级是按照企业的规模来划分的。《中小企业划型标准规定》（工信部联企业〔2011〕300 号）中提到"中小企业划分为中型、小型、微型三种类型，其中的中型企业标准上限即为大型企业标准的下限。具体标准根据企业从业人员、营业收入、资产总额等指标，结合行业特点制定。"第四条中的工业企业划分指出中、小、微型的企业标准是从业人员 1000 人以下，或营业收入 4 亿元以下的企业。

参照此标准，同时参考火力发电厂规模划分，并考虑到现阶段塔式光热电站的实际情况，已投入商业运行的机组不多，最大的单机容量为摩洛哥 noorⅢ项目 150MW，其次为美国 Ivanpah 工程，单机容量分别为 126MW 和 2×133MW。国内已投产的青海中控德令哈一期工程为 10MW，北京延庆八达岭项目为 1.5MW。目前，容量小于 10MW 的工程，基本上为试验项目。2015 年国家光热示范项目的申报工作中，大部分的光热项目的容量均为 50MW。

目前已实施的项目中，摩洛哥 noorⅢ项目正在建设中，其防洪按 100 年一遇标准进行设计；青海中控德令哈一期 10MW 防洪是按规划容量进行设计，按 100 年一遇标准。

据此，塔式光热电站的防洪标准按规模及分区进行制定，规模按小于容量 50MW、50～400MW、400MW 以上三个等级进行划分；分区分为发电区、定日镜场区和其他设施区，对应确定防洪标准（见表 3-7）。

表 3-7　　　　　　　　　　　发 电 区 防 洪 标 准

发电区容量（MW）	防洪标准
≥400	≥100 年一遇的高水（潮）位
≥50 且＜400	≥50 年一遇的高水（潮）位
＜50	

吸热塔的防洪标准应与发电区的防洪标准一致。定日镜场的防洪标准不应低于 50 年一遇的高水（潮）位。其他独立区域的防洪标准不应低于 50 年一遇的高水（潮）位。

由于目前建成的项目不多，经验尚少，现行国家标准 GB/T 51307—2018《塔式太阳能光热发电站设计标准》编制时已按上述规模和分区进行划分，并参照现行国家标准 GB 50201—2014《防洪标准》中相关要求进行防洪标准的确定。

第四章
塔式太阳能光热发电站光污染分析

相对于其他类型的发电站，塔式太阳能光热发电站的光污染是电站建设和运行过程中需要关注的问题。光污染分析定量评价方式主要有理论计算和类比分析两种，将理论计算和类比电站的监测结果与标准限值比较可以看出，在采取相关措施后，塔式电站运行对高空飞行、地面交通、鸟类等生物的影响较小。本章介绍光污染环境影响的评价现状、标准及方法，对光污染的影响情况进行分析，并提出站址选择和镜场布置等相关措施。

第一节　光污染环境影响的评价现状、标准及方法

一、国内光污染评价现状

关于光污染，目前没有统一的定义，指干扰光或过量的光辐射（含可见光、紫外和红外光辐射）对人、生态环境和天文观测等造成的负面影响的总称。

2015年1月1日实施的《中华人民共和国环境保护法》中提到："排放污染物的企业事业单位和其他生产经营者，应当采取措施，防治在生产建设或者其他活动中产生的废气、废水、废渣、医疗废物、粉尘、恶臭气体、放射性物质以及噪声、振动、光辐射、电磁辐射等对环境的污染和危害。"

根据目前执行的《建设项目环境影响评价分类管理目录》，太阳能光热发电项目的环境影响评价需要编制环境影响报告表。目前已运行或在建的部分光热项目环境影响报告表，对光污染影响均做了定性分析。分析结论认为，一般场址所在区域比较偏远，在采取相关措施后，光污染对周围环境的影响较小。

二、光污染环境影响的评价标准

光环境受到破坏主要是眩光的出现。眩光是指由于视野中的亮度分布或亮度范围的不适宜，或存在极端的对比，以致引起不舒适感觉或降低观察细部或目标的能力的视觉现象。

眩光感觉的评价指标在国际上有很多，但总的说来它和光源的面积、亮度、光线与视线的夹角（仰角）、距离及周围背景的亮度存在以下关系：

$$对眩光的感觉 \propto \frac{面积 \times 亮度^2}{仰角^2 \times 距离^2 \times 周围环境亮度^2}$$

（一）主要评价指标

1. 照度

照度是指照射在单位面积上的光通量，即 $E = \mathrm{d}\varphi/\mathrm{d}A$。其符号为 E，单位为 lx（勒克斯），$1\mathrm{lx} = 1\mathrm{lm/m^2}$（流明每平方米）。在单位面积上光通量越大，光污染越严重。若把光通量换为辐射通量，即为辐射照度，其单位为 $\mathrm{W/m^2}$。

2. 亮度

亮度是描述发光体（反光体）表面发光（反光）强弱的物理量，即单位投影面积上的发光强度，反映人对光源强度的感受。其符号为 L，单位为 $\mathrm{cd/m^2}$（坎德拉每平方米），公式为：

$$L = \mathrm{d}\varphi/(\mathrm{d}A \cdot \cos\theta \cdot \mathrm{d}\omega)$$

式中　$\mathrm{d}\varphi$——指定点的光束在包含指定方向的立体角 $\mathrm{d}\omega$ 内传播的光通量，lm；

$\mathrm{d}A$——包括指定点的光束截面积，$\mathrm{m^2}$；

θ——光束截面法线与指定方向的夹角，（°）。

（二）国内评价标准

目前，由于计算和测量技术的限制，很难定量地评价眩光感觉，因此国内一般选择目标亮度和入射角度作为评价指标，以眩光评价等级和视野中眩光特征作为评价标准，见表 4-1 和表 4-2。

表 4-1　　　　　　　　　　不舒适眩光评价等级

目标亮度（$\mathrm{cd/m^2}$）	眩光感觉程度
2000	无感觉
4000	有轻微感觉
6000	有感觉
7000	不舒适感觉
8000	明显影响感觉

表 4-2　　　　　　　　　　视野中眩光特征

入射光角度	人眼对眩光感觉程度
0°	极强烈
14°	强烈
30°	中等
45°	微弱
60°	无眩光区

（三）美国参考评价标准

美国针对光热电站光污染总结了相关评价标准，根据辐射照度和光源角度的不同，将眩光对视觉的影响分为三个等级：①有永久性视觉伤害的可能性（如视网膜烧伤）；②临时性的视觉伤害；③程度较低的暂时性影响。具体如图 4-1 所示。

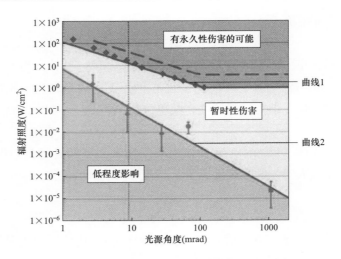

图 4-1　眩光评价等级

图 4-1 中曲线 1 对应的函数为：

$$E = 0.118/\omega \tag{4-1}$$

曲线 2 对应的函数为：

$$E = 3.59 \times 10^{-5}/\omega^{1.77} \tag{4-2}$$

式中　E——辐射照度，W/cm^2；

　　　ω——光源角度，rad。

三、光污染环境影响的评价方法

（一）国内相关评价方法

国内目前没有光污染方面的评价技术导则，在玻璃幕墙光污染评价中有定量计算，在此列举玻璃幕墙光污染评价的理论基础供参考。

1. 计算太阳高度角和方位角

$$\sin h_0 = \sin\varphi \cdot \sin\delta + \cos\varphi \cdot \cos\delta \cdot \cos\omega \tag{4-3}$$

$$\sin\alpha = \cos\delta \cdot \sin\omega/\cos h_0 \tag{4-4}$$

式中　h_0——太阳高度角，（°）；

　　　α——太阳方位角，（°）；

　　　φ——当地纬度，（°）；

　　　δ——太阳赤纬，（°）；

　　　ω——太阳时角，（°）。

2. 计算亮度

光反射造成的眩光影响取决于两个因素，一个是反射光的亮度，一个是反射光与人眼视线的夹角。反射光亮度与太阳光亮度和反射率有关，而太阳光亮度取决于太阳的高度角：

$$E = 1.37 \times 10^5 \sin h_0 \cdot e^{-0.223/\sin h_0} \tag{4-5}$$

式中　E——太阳光亮度，lx。

反射光的亮度为：

$$B = \rho E / \pi \qquad (4\text{-}6)$$

式中　B——幕墙表面的亮度，cd/m^2；

　　　ρ——反射率。

3. 计算反射光角度

可根据太阳高度角、太阳方位角等计算得到。

4. 确定全年计算日

全年每一天太阳光线的高度角和方位角都是不同的，为了尽可能全面反映全年光反射影响，应选择有代表性的几十天，预测影响范围和影响程度。

（二）国外相关评价方法

目前国内塔式电站环境影响报告表对光污染影响分析做定性描述，没有定量分析。参考美国相关资料，可通过如下公式计算吸热器漫反射对于视网膜产生的辐射影响：

$$E_r = E_c \left(\frac{d_p^2}{d_r^2} \right) \tau \qquad (4\text{-}7)$$

$$d_r = f \omega \qquad (4\text{-}8)$$

$$\omega = d_s / r \qquad (4\text{-}9)$$

式中　E_r——视网膜前的辐照度，W/m^2；

　　　E_c——眼角膜前的辐照度，W/m^2；

　　　d_p——眼睛瞳孔直径，m；

　　　d_r——光源在视网膜成像的大小，m；

　　　τ——传递系数；

　　　d_s——光源尺寸，m；

　　　ω——光源角度，rad；

　　　f——焦距，m；

　　　r——光源到观察者的距离，m。

上述符号的意义如图 4-2 所示。

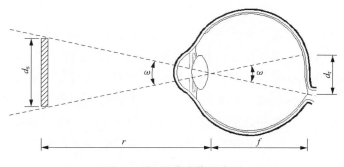

图 4-2　视网膜成像示意图

计算举例：

若 $E_c=0.1W/cm^2$，d_p 取 0.002m，f 取 0.017m，ω 取 0.0093rad，τ 取 0.5，根据上述公式计算得 $E_r=8W/cm^2$，与图 4-1 中的数据比较可知，光线不会对视网膜产生永久性伤害。

根据 Ivanpah 项目环境影响评价报告中的数据，若吸热器表面的辐照度为 687.5kW/m²，在距吸热器 120m 处辐照度约为 47.8W/m²，远小于上述举例中的 E_c，因此计算结果也远小于上述计算值。

第二节　电站光污染影响分析

塔式电站采用大规模的定日镜反射太阳光收集热量，定日镜产生的眩光可能会对周围环境产生影响。一般商业运行的塔式电站位于荒漠地带，人口数量较少，所以其产生的眩光对地面人员生活产生的影响相对较小，但是对高空飞行、地面交通及鸟类等可能会产生影响。

自 2007 年世界第一台商业运行的塔式电站投运以来，截至目前有 10 台以上的塔式电站投入运行，以下结合美国 Ivanpah 塔式电站的运行情况对光污染的影响情况进行分析。

一、对高空飞行的影响情况分析

由于塔式电站采光口距地面高度一般在 80m 以上，若电站规模比较大，同时附近有飞机航线，其产生的眩光可能会对飞机飞行产生影响。

美国 Ivanpah 塔式电站位于美国内华达州和加州交界处，由三台机组组成，总装机容量为 390MW，单台机组容量在 130MW 左右，占地面积约 14.2km²，约有 17.4 万面定日镜，单个定日镜的面积约 15m²，该电站于 2013 年年初开始对每台机组分别进行聚焦调试，2014 年 2 月正式投运。在 2013 年 8 月，有飞行员和交管部门向加州能源委员会提交过该电站产生眩光影响其飞行的投诉报告〔根据美国联邦航空管理局（FAA）提供的数据，以 2014 年 5 月为例，约 12000 班次的航班从该电站 28km 范围内的上空飞过〕，此时电站处于调试阶段，定日镜的方位校正比较频繁。

为了测定电站产生的眩光对周围环境的影响有多大，在 2014 年 4 月，电站投资方组织对其空中产生的眩光通过直升机进行测量，测点位置见图 4-3，测量采用照相机和滤波器联合拍照的方式进行，同时应用一定的方法对照片进行处理和量化。测量结果显示，对高空环境产生影响的主要光源来自于接收器两侧因备用定日镜聚焦产生的反射光，接收器散射的光与之相比要小很多。在各种情况下，由于备用定日镜处于旋转状态，因此备用定日镜反射的光聚焦的光点也会围绕接收器旋转产生圆环。在测量过程中不同方位拍摄的照片见图 4-4。

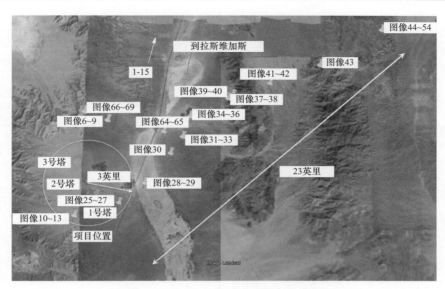

图 4-3　Ivanpah 电站眩光测点方位图

图 4-4　2014 年 Ivanpah 电站附近不同方位拍摄的高空照片

电站站址的海拔在 850～1000m 之间，测点高度在海拔 1.5～2.6km 之间，根据测量结果量化得出的具体数据见表 4-3。

表 4-3　　　　　　　　　照片处理后得到的不同点位的眩光量化数据

图像	对应的吸热塔	与光源的距离（km）	视网膜辐射照度最大值（W/cm²）	光源角度（mrad）
图像 26	1	1.6	6.39	4.13
图像 28	1（位于塔左侧）	4.8	5.1	1.6
图像 28	1（位于塔右侧）	4.8	2.81	1.9
图像 8	3	6.4	2.12	3.64

图像	对应的吸热塔	与光源的距离（km）	视网膜辐射照度最大值（W/cm²）	光源角度（mrad）
图像 8	3	6.4	1.98	4.03
图像 30	1	9.7	2.15	3.47
图像 65	1	9.7	4.25	1.6
图像 32	1	11	5.45	1.06
图像 34	1	18	5.29	0.586
图像 41	3	24	1.39	0.76
图像 53	3	37	0.112	0.541

由表 4-3 可以看出，眩光的强度随距离的增加而减少，在近场处，光的辐射照度最高，可达到 $6W/cm^2$，随着距离的增加，其值逐渐减少。根据测量结果，在距离 10km 之内，电站产生的眩光对人眼会造成一定的影响，这种影响是暂时的，不会造成永久性的伤害。在距离 10km 之外，眩光产生的影响很小。

电站投资方邀请美国 Sandia 实验室对电站产生的眩光进行评估，采用建模的方式对影响程度进行计算，计算结果与测定结果基本一致。同时通过实验模拟的方法，提出修订定日镜的待机位置算法，分散备用定日镜的焦点范围，使定日镜的聚光强度降低，从而减少在待机模式下的眩光影响。

Ivanpah 塔式电站为目前世界运行的单机容量最大的光热电站，通过上述测量和模拟结果初步分析，在前期工作中若预先采取措施，调整定日镜的运行状态，塔式电站运行产生的眩光对飞机飞行的影响相对较小。

二、对地面交通的影响情况分析

通过类似的方法，Ivanpah 电站投资方组织对地面眩光进行了测量。测量结果相对较低，如 1 号机组 2.4km 处的测量结果大约为 $0.001W/cm^2$，远低于高空监测的 $6W/cm^2$，光线的角度大约为 20mrad（1.15°），基本不会对视觉产生影响。但是偶然情况下，观测者沿着附近高速公路驾驶能看见反射光，该反射光来自个别的定日镜，不产生大的视觉伤害。测量过程中距 3 号机组约 4.8km 处拍摄的照片如图 4-5 所示。

图 4-5　距离 Ivanpah 电站 3 号机组接收器约 4.8km 处的照片

三、对鸟类等生物的影响情况分析

鸟类具有趋光性，塔式电站运行过程中产生的光和高温可能会对鸟类等生物产生影响。

塔式电站所在区域一般为空旷的戈壁荒漠区，土地生产力较低，植被稀疏，人类活动较少，可供鸟类食用的食物很少，同时区域一般干旱缺水，生存的鸟类相对较少。

同时，定日镜虽然对地表实际扰动面积较小，但是建成后整体占地面积较大，从空中俯视比较明显，鸟类会发现整个区域不存在食物和水源，降落的概率会很小。

另外，光热电站管理人员较少，所产生的生活垃圾较少，并且集中收集处置，不会引起较多鸟类前来觅食。通过上述分析，预计在采取相应措施后电站运行对鸟类等生物的影响较小。

根据青海德令哈塔式电站运营 5 年多现场资料，没有发生一起因定日镜聚光、吸热器工作而产生的鸟类伤亡事件。

第三节　预　防　措　施

一、主要指导原则

1. 预防为主的原则

光污染与大气污染、水污染等其他污染形式不同，不是必须通过采取一系列工程措施才能完全降低对周边环境的影响。首先从源头上进行控制，在规划和布局上尽量避开环境敏感点。

2. 工程措施和管理措施相结合的原则

工程设计和运行过程中，若判断可能会产生光污染方面的影响，可找出初步原因，根据工程情况提早采取针对性措施，这样经济又合理，同时需加强管理。

二、预防措施

（1）合理规划，在站址选定过程中事先与民航部门联系，避开飞机起落有影响的区域；同时站址尽量远离鸟类保护区，尽量避开鸟类迁徙路线和集中区域等。

（2）优化平面布置，合理布局，尽可能将吸热塔布置在远离道路的位置。

（3）调节备用定日镜聚焦的位置，在接收器附近增设几个目标点；调节备用定日镜使其处于水平状态或指向其他方向，以减少反射光的影响，尽量不对准建筑物及其他敏感点。

（4）清洗定日镜时尽量使相邻两个定日镜面对面清洗，避免反射光对周围地面环境的影响。

（5）吸热塔顶设置航空标识。

（6）根据站址所在地具体情况，研究站内设置驱鸟装置的必要性；机组运行后对站址及附近区域鸟类受影响程度进行关注。

（7）站址附近的道路两侧设置警示牌，提示过往车辆注意眩光，减速慢行。

（8）站址区域的生活垃圾进行严格收集管理，断绝鸟类在光热场区内的食物来源。

（9）对于塔式电站站内人员应加强管理，特定工作人员应佩戴防护眼镜和穿保护性工作服等，将光污染影响降至最低。

（10）加强项目施工及运行人员的环保意识，禁止一切对鸟类的非法捕猎行为。

chapter 5

第五章

塔式太阳能光热关键设备部件选型设计

塔式太阳能光热发电的关键工艺系统主要包括集热系统、传热系统、储热系统、换热系统和发电系统，其关键工艺系统对应的关键设备部件主要包括定日镜、吸热器、蒸汽发生器（用于非水工质系统）、汽轮机组等。对这些设备和传热工质、储热方式进行选型设计，以确定各主要设备的技术参数和性能指标，关系工艺系统设计的成败，意义重大。本章着重介绍塔式太阳能光热发电站的定日镜、传热工质、吸热器、蒸汽发生器、储热介质及方式、汽轮机组与运行模式的主要型式和设计要点。

第一节　定　日　镜　选　型

定日镜是塔式太阳能光热发电站最基本的光学单元体。定日镜由反射镜、支架、跟踪装置等部件组成。定日镜是一种安装在刚性金属结构上可双轴自动跟踪太阳的聚焦型反射镜，由控制系统根据太阳位置进行方位和角度的调整，以接收太阳辐射并以机械驱动方式使太阳辐射恒定地朝一个方向反射，进入位于吸热塔顶部的吸热器表面，并能自动翻转或收拢，以防止大风、冰雹等对其造成损坏。

一、定日镜总体性能

塔式太阳能光热发电需配备众多的定日镜。定日镜阵列分布在吸热塔的周围，构成庞大的定日镜场（或称聚光场）。例如：Solar One 电站中有 $40m^2$ 定日镜 1818 台，镜面总反射面积 $72540m^2$；Solar Two 电站共有定日镜 1926 台，其中 $40m^2$ 定日镜 1818 台，$95m^2$ 定日镜 108 台，镜面总面积 $82980m^2$；SolarTres 电站共有 $96m^2$ 定日镜 2493 台，镜面总面积达 $239328m^2$；PS10 电站有 624 台 $121m^2$ 大型定日镜，镜面总面积 $75504m^2$；美国新月沙丘 Crescent Dunes 110MW 塔式熔融盐电站安装 $117.5m^2$ 共计 10347 台定日镜，总采光面积 $1210000m^2$。

为确保塔式太阳能光热发电站的正常、稳定、安全和高效运行，定日镜的总体性能应达到如下基本要求：

（1）镜面反射率高，平整度误差小；

（2）整体结构机械强度高，在保护状态下，定日镜设计应满足当地 50 年一遇最大风速时不发生破坏，并能够承受当地 50 年一遇的基本雪荷载；

（3）运行稳定，聚光定位精度高；

（4）操控灵活，紧急情况可快速撤离；

（5）可全天候工作；

（6）可大批量生产；

（7）易于安装和维护，工作寿命长等。

定日镜不仅数量最多，占地面积最大，而且是工程投资的重头。美国 Solar Two 电站的定日镜成本占整个电站造价的 50% 以上，SolarTres 电站也达 43%。因此，降低定日镜成本对于降低整个电站工程投资是至关重要的。目前，定日镜的研究开发以提高聚光场效率、控制精度、运行稳定性和安全可靠性及降低建造成本为总体目标。

二、反射镜

反射镜是定日镜的核心组件。从镜表面形状上讲，主要有平凹面镜、曲面镜等几种。在塔式太阳能光热发电站中，由于定日镜距离位于吸热塔顶部的吸热器较远，为了使阳光经定日镜反射后不致产生过大的散焦，以保证 95% 以上的反射光进入吸热器表面指定位置，目前国内外采用的定日镜大多是镜表面具有微小弧度（16′）的平凹面镜。复合蜂窝技术是新研制出的超轻型结构的反射面，较好地解决了使用平面玻璃制作曲面镜的问题。

从镜面材料而言，主要有两种反射镜：

1. 张力金属膜反射镜

其镜面是用 0.2～0.5mm 厚的不锈钢等金属材料制作而成，可以通过调节反射镜内部压力来调整张力金属膜的曲度。这种定日镜的优点是其镜面由一整面连续的金属膜构成，可以仅仅通过调节定日镜的内部压力调整定日镜的焦点，而不像玻璃定日镜那样由多块拼接而成。这种定日镜自身难以逾越的缺点是反射率较低、结构复杂。

2. 玻璃反射镜

目前已建成投产的塔式太阳能光热发电站以及待建、拟建项目的定日镜均采用玻璃反射镜。它的优点是重量轻，抗变形能力强，反射率高，易清洁等。玻璃反射镜采用的大多是玻璃背面反射镜。由于银的太阳吸收比低，反射率可达 97%，所以银是最适合用于太阳能反射的材料之一，但由于它在户外环境中会迅速氧化，因此必须予以保护。

三、支架形式及结构设计

（一）支架形式

考虑到定日镜的耐候性、机械强度等原因，国际上现有的绝大多数塔式太阳能光热发电站均采用了金属定日镜支架（见图 5-1）。支架主要有两种形式：一种是钢板结构支架，其抗风沙强度较好，对镜面有保护作用，因此反射镜本身可以做得很薄，有利于平整曲面的实现；另一种是钢框架结构支架，这种结构减小了镜面的重量，即降低了定日镜运行时的能耗，使之更经济。但这种钢框架结构也带来一个新问题，即镜面支架与镜面之间的连接，既要考虑不破坏镜面涂层，又要考虑镜子与支架之间结合的牢固性，还要有利于雨水顺利排出，以避免雨水浸泡对镜子的破坏。可采取以下三种方法：①在镜面最外层防护漆上黏结陶瓷垫片，用于与支撑物的连接；②用胶黏结；③用铆钉固定。

图 5-1　定日镜支架

（二）支架结构设计

定日镜支架结构设计是影响太阳能光热发电站投资和机组运行时间的重要因素。首先，定日镜支架能够适应厂址所在地的环境气象条件，其表面需做防腐蚀处理以满足电站 25 年运行周期；其次，支架结构设计主要指支架刚度设计和强度设计，涉及的关键参数即为定日镜运行风荷载和最大风荷载的取值。

1. 定日镜风荷载的选取

定日镜工作时，需要以一定倾角跟踪太阳，当遇到较大的环境风速时，风作用在镜面上所形成的巨大扭矩可能阻挡定日镜的正常转动，定日镜传动装置需要输出足够大的扭矩以克服风载荷阻力。为了使定日镜在实际运行过程中保持较高的跟踪精度，定日镜风载荷一般根据当地常年风速和频率确定，以保证其振动偏差维持在设计跟踪精度允许的范围内。

定日镜所受到的风载荷阻力与风速和风向、定日镜面积、定日镜所处状态等因素有关。定日镜场中不同位置的定日镜所受风荷载的大小也不同。在运行风荷载条件下，定日镜具备正常工作能力，能够转动到指定的角度，使太阳辐射能准确反射到吸热器上，从而使定日镜场输出能量满足要求。当运行风荷载增大，支架结构设计工程量增加，定日镜投资成本增大，但机组运行时间延长，电站发电量增加。实际工程中，可根据当地风速情况核算发电成本。

工作风速通常指当地空旷平坦地面上 10m 高度处 3s 阵风风速。目前，根据调研情况，塔式太阳能光热发电站定日镜设计一般取标准空气密度下的工作风速，国外取值为 13.8m/s（对应六级风），国内取值为 24m/s。对于不同地域，工作风速应按当地空气密度进行折算。

最大风速通常指当地空旷平坦地面上 10m 高度处 10min 区间内的平均风速。在定日镜支架强度设计中，是指定日镜在保护状态下，遭遇当地 50 年一遇最大风速时而不允许发生破坏。对于不同地域，最大风速应按当地空气密度进行折算。

2. 支架结构设计考虑因素

根据定日镜聚光性能的要求，支架刚度设计能够抵抗反射镜重力及定日镜工作过程中风载引起的弯曲和扭转变形。根据定日镜所能遭遇的设计极端工况条件，进行支架强度设计以满足定日镜结构安全要求。例如，在保护状态下，定日镜支架强度能够承受当地 50 年一遇的基本雪荷载，并能够承受当地 50 年一遇最大风速时不发生破坏。

定日镜支架基础根据承载性状分为桩基础、扩展式基础和锚杆基础。支架基础设计前应获得场地的岩土工程勘察文件，定日镜总平面布置图，支架结构类型和使用条件，以及对基础承载力和变形的要求等资料。支架基础应按承载能力极限状态和正常使用极限状态进行设计，应符合 GB 51101—2016《太阳能发电站支架基础技术规范》的要求。

四、定日镜面积选择

定日镜面积主要是指反射镜外形尺寸所构成的面积。定日镜面积选择需要考虑以下因素：

（1）定日镜价格受制造定日镜及相关部件的产能影响很大。据研究，定日镜成本下降的因素主要有：①规模效应带来的加工费用和运输费用降低；②更轻便的定日镜设计降低相关材料费用；③动力设备的优化设计降低该部件成本。预计当规模达到 2GW/年时，随着制造工艺的成熟及批量制造带来的规模化效应，定日镜零部件的加工成本将有大幅的降低，定日镜成本预期降幅 55％以上。

（2）小面积定日镜一般指单镜面积小于 $10m^2$ 的定日镜，中型面积定日镜一般指单镜面积 $10\sim50m^2$ 的定日镜，大型面积定日镜一般指单镜面积 $50\sim120m^2$ 的定日镜，超大型面积定日镜一般指单镜面积 $120m^2$ 以上的定日镜。根据国内首批示范项目塔式光热电站定日镜投标价格分析，中型面积定日镜相对其他面积类型的定日镜成本更低。

五、定日镜场的优化

定日镜场的优化是指如何选取定日镜的尺寸、个数、相邻定日镜之间以及定日镜与吸热塔之间的相对位置、吸热塔的高度、吸热器的尺寸等各项参数，充分利用当地的太阳能资源，在投资成本最少的情况下，获得最多的太阳辐射能。

首先应考虑定日镜场的光学性能，其光学性能决定了聚光场年效率，也即在汽轮发电机组输出电功率一定时决定了镜场的投资。定日镜在接收和反射太阳能的过程中，存在着余弦损失、阴影和阻挡损失、大气衰减损失和溢出损失等。定日镜场布置需考虑这些损失产生的原因，并适当加以减免，从而收集到较多的太阳辐射能。

余弦效率大小与定日镜表面法线方向和太阳入射光线之间夹角的余弦成正比，应尽可能地将定日镜布置在余弦效率较高的区域。阴影和阻挡损失的大小与太阳能接收的时间和定日镜自身所处的位置有关，主要是通过相邻定日镜沿太阳入射光线方向或沿塔上吸热器反射光线方向上在所计算定日镜上的投影来进行计算。通常可以通过调整相邻定日镜之间的间距，适当减小定日镜相互之间所造成的阴影和阻挡损失。衰减损失通常与太阳的位置（随时间变化），当地海拔以及大气条件（如灰尘、湿气、二氧化碳的含量等）所导致的吸收率变化有关，当气象条件一定时，太阳辐射能的衰减与距离有关，定日镜距目标靶越远，衰减损失越大。定日镜反射的太阳辐射没有到达吸热器表面，溢出至外界大气中的能量溢出损失与定日镜与目标靶的相对位置、光斑大小、定日镜面形误差、定日镜的跟踪误差等因素有关。

六、总投资成本

塔式太阳能光热发电站总投资成本是由各部分投资成本之和组成，其中包括定日镜的成本、吸热器的成本、场地的成本、电气和控制系统的成本及吸热塔的成本等。通常情况下，定日镜本身的投资成本在整个塔式太阳能光热发电系统总投资中占有较大比例。定日镜的总成本与定日镜面积和数量有关，而吸热塔的成本主要取决于塔的高度。

土地成本在总投资成本中占有一定比例，也是非常值得关注的，有时也单独作为需要考察的目标之一。为了降低土地的投资成本，定日镜场的布置首先考虑安装、检修及清洗定日镜、更换传动箱等部件所需要的工作空间。同时为了降低电价成本，在不过多增大占地面积的条件下，尽可能把定日镜布置在光学效率较高的区域，并避免相邻定日镜之间发生过多的遮挡。同时也要考虑到与吸热器之间的配合，提高定日镜场光学效率以增加电站年发电量。

总体上可以通过选取定日镜面积、定日镜数量、吸热塔高度、定日镜之间间距、定日镜与吸热塔之间的相对位置、吸热器外形及尺寸等多个变量，来优化定日镜场的布置，力争在定日镜场投资成本最小的条件下，使吸热器受热面获得最多的太阳辐射能。

第二节 传 热 工 质 选 择

目前，塔式太阳能光热发电常用的传热工质有熔融盐、水和空气。一般要求传热工质具有如下性能：工作温度高，热稳定性强，传热性能佳，热传递损失小，低蒸汽压，低凝固点，材料相容性好，经济性好。

一、熔融盐

（一）熔融盐种类及特性

熔融盐可以在较低的工作压力下获得更高的使用温度，其工作温度通常在450℃以上，且耐热稳定性好，其传热系数是其他有机载体的两倍，而且使用温度在600℃以下时几乎不产生蒸汽。因此，稳定性好、价格低廉、熔点合适的熔融盐是传热工质的首选。目前，被广泛使用的熔融盐主要有太阳盐（Solar Salt）、Hitec 和 Hitec XL 3 种，其性能及成本比较见表 5-1。

表 5-1　　　　　　　　　　　　　熔融盐性质比较

储热介质	凝固点（℃）	上限温度（℃）	平均密度（kg/m³）	平均导热系数（W·m/K）	平均热容量（kJ·kg/K）
Solar Salt（60%NaNO₃+40%KNO₃）	220	600	1899	0.52	1.49
Hitec（7%NaNO₃+53%KNO₃+40%NaNO₂）	142	535	1640	0.57	1.6
Hitec XL［45%KNO₃+48%Ca（NO₃）₂+7%NaNO₃］	120	500	1992	0.53	1.8

太阳盐（Solar Salt）为 60%NaNO₃ 和 40%KNO₃ 的混合盐，因为其在 600℃时具有非常好的热稳定性和低造价，对普通材质管道及阀门有较好的兼容性，以及较好的储热性能，最早被应用在美国 Solar Two 塔式电站中。Hitec 熔融盐为 7%NaNO₃、53%KNO₃ 和 40%NaNO₂ 的混合盐，在 450℃时具有很好的热稳定性，其可在短期内用于 535℃温度下，但其在使用时需要进行氮气保护，以防止在高温下亚硝酸盐转变为硝酸盐。Hitec XL 熔融盐为 45%KNO₃、48%Ca(NO₃)₂ 和 7%NaNO₃ 的混合盐，该种熔融盐在最初装入系统时，需先将其溶解在水中，将溶液注入系统，然后加热蒸发掉水分，该熔融盐具有 120℃的凝结温度，并在 500℃时也具有较好的热稳定性。通过对三种熔融盐的性能及价格比较可知，太阳盐（Solar Salt）凝固点高于其他两种熔融盐，如需要大量熔融盐时，太阳盐较其他两种熔融盐具有一定的成本优势。

熔融盐种类的选择应综合考虑材料成本、吸热器内最大温度限制、熔融盐长期稳定性、熔融盐凝固风险及熔融盐腐蚀性能等。随着技术进步和熔融盐材料成本的降低，其他熔融盐也具有应用前景。当采用成本可接受的低熔点盐作为传热工质时，可降低吸热器和管道内熔融盐凝固的风险，也可降低由于机组低负荷运行时回热系统给水温度降低导致熔融盐可能凝固的风险。

（二）熔融盐的优缺点

截至目前，熔融盐已被广泛应用于太阳能光热发电系统，具有较成熟的使用经验。以熔融盐作为传热工质的主要优点是：系统无压运行，安全性提高；传热工质在整个吸热、传热循环中无相变；熔融盐的热容大，吸热器可承受较高的热流密度；由于熔融盐为很好的储热材料，因而塔式太阳能光热发电吸热系统和储热系统可共用同一工质，使系统极大地简化。缺点是：熔融盐在高温时有分解和腐蚀问题，在较低温度时又有凝固的问题，需要采取一定的措施加以抑制。

熔融盐作为传热工质已成功运用于太阳能光热电站，实际运行出现过的一系列工程问题如防凝固、排盐问题以及如何选择管路、阀门、泵等均得到较好的解决。

二、水

水工质具有其他传热工质难以替代的特性，在传统燃煤电站中有大量的设计和运行经验，其附属设备也已商品化。水工质具有热导率高、无毒、无腐蚀、易于输运等优点，在低中温区热传导率高，经济性好。但水工质在高温时热传导率低，蒸汽压力高。水工质的防凝风险远远低于熔融盐工质。

采用水工质作为传热工质的主要问题是：蒸汽在高温时有高压问题，这对传热及输送系统的耐压等级提出较高要求；传热工质在吸热过程中存在两相流问题；蒸汽的热容很小，蒸汽段管路容易发生过热烧蚀问题；还存在启动时间长、太阳辐射能不稳定时造成蒸汽轮机频繁启停、热能损失大、电站热效率低等制约因素，使电站净发电量受到较大影响。

三、空气

（一）空气的特性

采用空气作为传热工质的塔式太阳能热发电系统，可达到更高的工作温度。

空气具有以下特点：

（1）可以产生 1000℃以上的高温空气，利用空气透平，即可构成高效率的布雷顿（Brayton）循环；

（2）不会发生因相变带来的问题；

（3）易于运行和维护，启动快，无需附加保温和冷启动加热系统。

（二）空气的工作方式

采用空气作为传热工质的塔式太阳能光热发电系统可以采用以下两种工作方式。

一种工作方式是将吸热器中产生的热空气应用于朗肯循环发电系统，如图 5-2 所示。在该系统中，吸热器中的空气以及来自送风机的回流空气吸收来自定日镜场的太阳辐射能，加热后的热空气被送至热量回收蒸汽发生系统，与水换热后产生的蒸汽送至汽轮机做功。热空气在蒸汽发生系统中将热量传递给水工质后，变为低温空气，再被送风机输送至塔顶的吸热器。

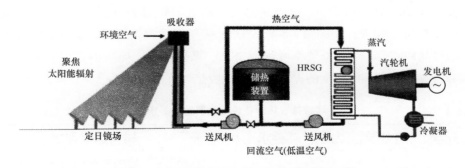

图 5-2　空气工质塔式太阳能光热发电采用朗肯循环系统工作原理

另一种工作方式是将吸热器中产生的热空气应用于布雷顿循环—朗肯循环联合发电系统,如图 5-3 所示。吸热器可以将高压空气加热到 1000℃ 以上,直接送入燃烧器,进一步加热后进入燃气轮机做功。燃气轮机排气仍具有较高温度,再通过热交换器加热水生成水蒸气,水蒸气推动汽轮机做功。这样组成的太阳能光热与燃气—蒸汽联合循环结合的发电系统能够高效利用热能。

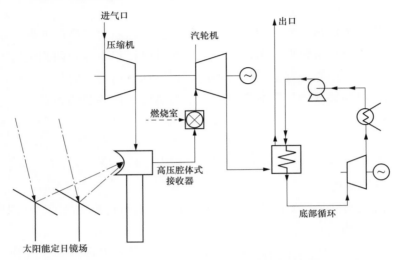

图 5-3　空气工质塔式太阳能光热发电采用联合循环系统工作原理

第三节　吸热器选型

一、熔融盐吸热器

(一) 熔融盐吸热器特性与材料选择

典型的熔融盐吸热器应用于美国 Solar Two 试验电站,新一代 Gemasolar 电站也使用了熔融盐系统。Solar Two 熔融盐吸热器为一外圆柱面形管壁式吸热器。在吸热器管壁上共布置了 24 块管板,每块管板有 32 根吸热管。吸热管外径 20.06mm,壁厚 1.2mm。吸热管外表面涂有坚固的 Pyromark 涂料,可吸收 95% 的入射太阳辐射。整个吸热器高 6.2m,直径 5.1m。该吸热器在平均太阳辐射能流密度为 430kW/m² 时,额定吸收功率为 42MW。Solar Two 电站于 1997 年成功投入运行,运行实践表明,采用熔融盐中间回路后,吸热器效率可达到 88%,系统自身能耗减小 27%,系统运行的稳定性和可靠性均有不同程度的提高。熔融盐吸热器特性与材料选择要求见表 5-2。

表 5-2　　　　　　　　　　　　熔融盐吸热器特性与材料选择要求

光学、热力学、力学性能要求	材料选择要求
吸收效率高	高吸收发射比(①高温选择性涂层;②表面发黑)
传热速度快,更高的许用能流密度(350kW/m²～2MW/m²)	材料的导热系数高

续表

光学、 热力学、 力学性能要求	材料选择要求
承受高温	耐高温
承受经常变化的热流密度的冲击	抗热疲劳性能好
热应力要小	膨胀系数低
抗熔融盐高温腐蚀	耐腐蚀

为适应以上运行条件，熔融盐吸热器传热管及输送管道必须选择优质材料，以承受交变高温和强腐蚀的考验，可根据吸热器设计温度和表面热流密度及成本等因素综合考虑。高温熔融盐吸热器不宜选用易发生应力腐蚀开裂的材料（如316型不锈钢等），此外选用的材料应有较好的耐高温腐蚀性能。例如，Gemasolar 电站熔融盐吸热器采用高镍合金，可抵抗氯化物腐蚀，并可承受 $1.5MW/m^2$ 的辐射热流密度。由于熔融盐热流密度的提高，可使吸热器外形尺寸更紧凑，降低制造成本，减少吸热器外表面的对流及辐射损失，提高热效率约 3% 左右。

（二）在运行和设计中需要注意的问题

在实际运行中，熔融盐吸热器需经受下列考验：

（1）吸热器需经受峰值为 $850kW/m^2$ 的辐射热流密度，Gemasolar 和 SolarReserve 电站吸热器最大热流密度达到 $1MW/m^2$ 甚至更高，这将在吸热管内形成很高的温度梯度，造成吸热管的膨胀甚至塑性变形。

（2）由于云遮及系统每天启动等，将使吸热管在 30 年的预期寿命期内经受约 36000 次速度达 2.8℃/s 的温度变化。

（3）应防止熔融盐在夜间发生冷凝而引起氯化物腐蚀开裂。

熔融盐吸热器的定日镜场通常南北向布置，吸热器多采用表面式，也可采用特殊防凝设计的腔式结构以减少吸热器表面的散热损失。当定日镜场和熔融盐泵均失去动力电源时，熔融盐吸热器的设计应具有防止吸热器表面被无法散焦的定日镜群烧毁的措施。

在实际运行中，由于云遮使投射到吸热器表面的热流密度急剧下降，为确保吸热器出口熔融盐温度恒定在 565℃，Solar Two 电站采用了改变熔融盐流量的办法来控制熔融盐出口温度。根据投射到吸热器表面的热流密度、吸热管壁平均温度、吸热器出口熔融盐温度等信号，安装在熔融盐管路上的流量控制阀按照设定的控制逻辑改变开度，实现对吸热器出口熔融盐温度的控制。

（三）熔融盐吸热器系统防凝设计

熔融盐吸热器系统应充分考虑防凝设计。由于熔融盐的熔点较高（一般在220℃左右），在太阳落山后使吸热器及管路保持高温以避免熔融盐凝固，需消耗大量能量。

设计中应根据厂址气候条件、设备配置及系统设计特点，设置可靠的熔融盐防凝措施。方案选择时应充分考虑熔融盐管道的高温特性、高低温循环特性以及安全、成本等因素，熔融盐吸热器、管路和阀门应配有伴热防凝设置。根据国际研究和商业电站的实施情况，熔融盐吸热器系统防凝主要依靠电伴热。当太阳落山后为使吸热器及熔融盐管路保持高温以避免熔融盐凝固，Solar Two 电站采用将熔融盐回收至熔融盐罐的办法来解决。相应地，放空并冷却下来的吸热器及熔融盐管路在次日开机之前必须进行预热。对于熔融盐管路和阀门，Solar Two 电站采用了沿线加热的办法，即在熔融盐管道上环绕一条电阻丝并覆盖保温层，在系统冷启动时先对管道进行加热，直至温度达到允许温度时再充入熔融盐。对于吸热器，主要依靠定日镜场进行预热，即在系统冷启动前将部分定日镜对准吸热器，待其温度升至 290℃后开始充入熔融盐。

二、水/蒸汽吸热器

（一）水/蒸汽吸热器特性与材料选择

水/蒸汽吸热器实质上就是一个由聚焦太阳能加热的蒸汽发生器或锅炉，产生的高压蒸汽直接推动汽轮机发电。只是水/蒸汽吸热器的选材、支撑、表面热流密度与锅炉有一定差异。过热蒸汽吸热器至少需要预热、蒸发、过热三段吸热，过热/再热蒸汽吸热器还需配置再热器，饱和蒸汽吸热器的商业化应用较早，技术风险较小。水/蒸汽吸热器特性与材料选择要求见表5-3。

表5-3   水/蒸汽吸热器特性与材料选择要求

光学、热力学、力学性能要求	材料选择要求
吸收效率高	高吸收发射比（①高温选择性涂层；②表面发黑）
传热速度快，更高的许用能流密度（350kW/m²～2MW/m²）	材料的导热系数高
承受高温	耐高温
承受经常变化的热流密度的冲击	抗热疲劳性能好
承受压力高	耐压
热应力要小	膨胀系数低

（二）在运行和设计中需要注意的问题

早期建设的塔式太阳能光热电站，如美国的 Solar One、西班牙的 CESA-1、意大利的 Eurelios 以及日本的 SUNSHINE 等，均采用太阳能直接加热水产生过热蒸汽系统（DSG）；2007 年初，西班牙 PS10 投入商业运行，采用了饱和蒸汽吸热器，吸热器出口温度为 250℃；2014 年投产的美国 NRG 伊万帕塔式电站采用过热/再热蒸汽吸热器。

水/蒸汽吸热器面临的关键问题是：如何解决太阳辐射时空上的不连续性，即如何避免云遮引起的吸热器出力下降，从而危及汽轮机安全的工况发生。解决此类问题的主要措施是配置储热系统。储热系统可配置蒸汽储热器或熔融盐储热，如南非 Khi Solar One 电站配置大约 19 个蒸汽储热器作为储热手段，西班牙 PS10 电站也配置蒸汽储热器。据调研分析，蒸汽储热方案成本较高，不适合大容量储热；过热蒸汽吸热器可以采用熔融盐储热，但是储热系统投资较高，且蒸汽—熔融盐充放热换热器性能尚不成熟；也可采用混凝土储热方案，对于蒸汽充放热相变过程及性能也需经过运行实践验证。

目前，国际上已投行的塔式光热发电项目采用过热蒸汽吸热器的有：美国 Ivanpah 三台装机容量各为 130MW 等级电站，以及南非 Khi Solar One 装机容量 50MW 电站。Ivanpah 电站过热蒸汽吸热器配置再热器，南非 Khi Solar One 电站包括三个腔式吸热器，其中东西两侧为蒸发段，南侧为过热段，不配置再热段吸热器。由于汽轮机高压缸排汽管道连接至塔顶吸热器，经再热器后的再热蒸汽管道引入汽轮机，全程管道较长，蒸汽压力损失大，且再热器传热过程主要热阻在于汽侧对流换热环节，蒸汽的对流换热系数较低，这些因素可能导致过热/再热蒸汽吸热系统的经济性较差。所以，水/蒸汽吸热器如设置再热器，设计时需要经过技术经济比较确定。

（三）水/蒸汽吸热器系统防凝设计

水/蒸汽吸热器同样面临冬季防冻问题，可以按常规汽水系统进行防冻保温设计。为了减少太阳能热发电设备和管道的散热损失，满足生产工艺要求，改善生产环境，提高经济效益，应按 DL/T 5072—2007《火力发电厂保温油漆设计规程》进行保温设计。露天布置的工业水管道、冷却水管道、疏放水管道、消防水管道、汽水取样管道、厂区杂用空气管道等，应根据当地气象条件和布置环境设置防冻保温措施。空冷岛相关管道也应考虑防凝防冻措施。

三、空气吸热器

早期建设的塔式太阳能光热发电站中，有些采用空气吸热器。空气吸热器具有以下特点：

（1）可以产生 1000℃ 以上的高温空气，利用空气透平，即可构成高效率的布雷顿循环；

（2）不会产生因相变带来的问题；

（3）易于运行和维护，启动快，无需附加保温和冷启动加热系统。

按照吸热器内的太阳辐射能吸收过程特性，吸热器分为容积式和管式。容积式吸热器的吸热体通常为蜂窝陶瓷、泡沫陶瓷、金属网和泡沫金属等多孔材料，太阳辐射在吸热体整个容积内传递并被吸收，空气吸热器即可采用容积式结构进行传热。容积式吸热器可产生 $800 \sim 1000℃$ 左右的高温空气，平均热流密度达 $400kW/m^2$，峰值流密度达 $1000kW/m^2$。由于管式空气吸热器的能流密度太低，致使其未在塔式太阳能热发电系统中得到广泛应用。

容积式空气吸热器特性与材料选择见表 5-4。

表 5-4　　　　　容积式空气吸热器特性与材料选择要求

光学、　热力学、　强度性能要求		材料选择要求
吸热器本身	承受温度的反复交变冲击	耐高温，抗热疲劳能力强，抗热震
	高吸收，低反射，低热损	高吸收发射比

光学、热力学、强度性能要求		材料选择要求
采光口/ 二次聚光	热损失小	高反射率
	辐射传递效率高	
	聚光比高	
	镜场利用效率高	
	面形精度高	易成型，强度高
	耐高温	
吸热体	高吸收率	高吸收发射比
	消光	高孔隙率/DLR 用 SiC 陶瓷泡沫/WIS 用氧化铝
	大的对流传热面积	大比表面积
	承受高热流密度	耐高温
	气体的渗透性好	高孔隙率
	基本热传递性能好	导热系数高
	吸热体封闭	耐高温的玻璃与金属及陶瓷的封接
	高吸收、低反射、低热损	高吸收发射比

第四节　蒸汽发生器选型

蒸汽发生器的热交换过程是典型的传热过程。蒸汽发生器用于将熔融盐存储的热量传递给汽轮机工质水/蒸汽，以驱动汽轮发电机组产生电能。熔融盐—蒸汽发生器为过热蒸汽发生器，设计为三段式，分别为给水预热器、蒸发器和蒸汽过热器。

一、预热器

预热器采用常规 U 形管壳式换热器，通常采用卧式。预热器管侧为水，壳侧为熔融盐。

给水预热器可采用双列 50％容量设置，也可采用单列 100％容量设置。双列设置的优势在于：当某一列预热器需要维护时，可单独断开该列预热器，另一列预热器可承担系统部分负荷运行。单列设置的优势在于系统和设备布置简单，由于机组输出电功率波动范围较大，汽轮发电机组可能在 15％～100％负荷率之间运行，若预热器设计为单列 100％容量，当机组负荷较低时，预热器内流量降低，传热效果变差，影响整个电厂的效率。据了解，截至目前，国内外塔式太阳能热发电工程给水预热器均按双列50％容量设置。

二、蒸发器

蒸发器采用常规 U 形管壳式换热器，通常采用卧式。蒸发器管侧为熔融盐，壳侧为饱和水。

蒸发器可采用双列 50％容量设置，也可采用单列 100％容量设置。双列设置的优势在于：当某一列蒸发器需要维护时，可单独断开该列蒸发器，另一列蒸发器可承担系统部分负荷运行。单列设置的优势在于系统和设备布置简单，由于机组输出电功率波动范围较大，汽轮发电机组可能在15％～100％负荷率之间运行，若蒸发器设计为单列100％容量，当机组负荷较低时，蒸发器内流量降低，传热效果变差，影响整个电厂的效率。据了解，截至目前，国内外塔式太阳能热发电工程蒸发器均按双列50％容量设置。

三、过热器

结构型式与预热器相似，也采用常规U形管设计，通常采用卧式。过热器管侧为水蒸气，壳侧为熔融盐。过热器可采用双列50％容量设置，也可采用单列100％容量设置。双列设置的优势在于：当某一列过热器需要维护时，可单独断开该列过热器，另一列可承担系统部分负荷运行。单列设置的优势在于系统和设备布置简单，由于机组输出电功率波动范围较大，汽轮发电机组可能在15％～100％负荷率之间运行，若过热器设计为单列100％容量，当机组负荷较低时，过热器内流量降低，传热效果变差，影响整个电厂的效率。据了解，截至目前，国内外塔式太阳能热发电工程过热器均按双列50％容量设置。

四、再热器

再热式汽轮机相应配置再热器。再热器管侧为水蒸气，壳侧为熔融盐。再热器可采用双列50％容量设置，也可采用单列100％容量设置。据了解，截至目前，国外塔式太阳能热发电工程再热器按单列100％容量设置，国内工程均按双列50％容量设置。

再热器是蒸汽发生系统中容易出问题的设备。这是由于其温差较大，常规设计容易在管板与管子之间产生热应力损坏。机组正常运行时，如果换热管损坏，管内蒸汽压力大于管外熔融盐压力，则蒸汽混入到熔融盐循环；当机组低负荷运行时，蒸汽压力小于管外熔融盐压力，则熔融盐进入蒸汽侧，将损坏汽机叶片。两种情况均应避免。管式交换器制造商协会（TEMA）规定，温差大于100℃时需要设置两个串联的换热器以消除大的热应力损伤。

五、在运行和设计中需要注意的问题

蒸汽发生器是塔式太阳能光热发电不可缺少的热交换设备，在运行和设计中需要注意以下问题：

（1）蒸汽发生器设计时需核算与汽轮机不同工况点相匹配的运行工况，以适应太阳能热发电负荷多变的特性。

（2）蒸汽发生器设计最大热负荷应与汽轮机最大出力工况相匹配。

（3）蒸汽发生器推荐采用配置炉水强制循环泵的系统。

（4）蒸汽发生器设置有可靠的伴热防凝措施，确保给水预热器熔融盐入口温度在

任何情况下不低于凝固温度。例如，由于汽轮发电机组低负荷运行时回热系统给水温度降低，存在使熔融盐凝固的风险，设计时应考虑设置低负荷给水预热器。

第五节　储　热　方　式　选　择

储热系统在太阳能热发电系统中占有十分重要的地位，它关系到整个系统运行的稳定性和可靠性。按热能存储方式的不同，可分为显热储热、潜热储热和化学反应储热三种方式。

一、显热储热

显热储热是通过提高储热介质的温度来实现热能存储，是三种方式中原理最简单、技术最成熟、被广泛应用于太阳能热发电的高温储热方式。根据储热介质的物理特性，分为液体显热储热、固体显热储热以及固体/液体双介质显热储热。

1. 液体显热储热

塔式太阳能热发电常用的液体显热储热介质为熔融盐。熔融盐的主要特征是：离子熔体具有良好的导电性；温度使用范围为300~1000℃，具有相对的热稳定性；输送压力低，热容量大，具有低的流动黏度、较高的溶解能力和化学稳定性。例如，中控德令哈50MW塔式光热示范电站，采用熔融盐作为传热和储热介质，工作温度为290~565℃，储热系统由一个冷盐罐和一个热盐罐组成，储热容量为869MWh，可满足汽轮发电机组满负荷运行7h。其工艺流程如图5-4所示。

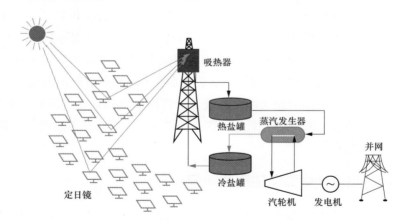

图5-4　中控德令哈50MW塔式光热示范电站原理图

熔融盐吸热器即采用典型的双储罐系统。双储罐系统是利用热罐直接存储来自吸热器的热熔融盐传热流体，冷罐存储经蒸汽发生器放热后的冷熔融盐传热流体。该系统的优点是冷、热流体分开存储，缺点是需要设置两个储热罐，提高了储热成本。

2. 固体/液体双介质显热储热

水/蒸汽吸热器可以采用熔融盐双储罐显热储热，也可采用固体/液体双介质显热储热。例如，美国 Solar One 试验电站，传热介质为蒸汽，储热介质为 Caloria 矿物油和砂石，设计采用单罐固体/液体双介质显热储热方式。来自吸热器的高温蒸汽加热罐内的导热油，导热油在充满砂石的罐内循环，利用冷、热流体密度不同的原理，在罐内建立温跃层，冷流体自然积存在储罐底部，热流体积存在储罐顶部，储热装置能量的释放是通过导热油逆循环流过储罐及蒸汽发生器来实现的。

双介质储热系统的优点是成本较低，如采用便宜的诸如岩石、沙子或混凝土固体和较为昂贵的储热流体（如储热油）作为储热介质，然而双介质储热系统的压降损失较大。采用温跃层单罐储热系统取消了一个储罐，使储热成本降低，但由于流体的导热和对流作用，使得冷、热流体完全实现温度分层具有一定困难。

3. 固体显热储热

当换热流体的热容非常低时如空气吸热器，可采用固体显热储热。固体材料作为储热材料，常以填充层的形式堆放，需要与换热流体进行热量交换。可以用作储热材料的固体有：砂石混凝土、玄武岩混凝土、耐高温混凝土（骨料是氧化铁，水泥为黏结剂）、浇注料陶瓷（骨料是氧化铁，氧化铝为黏结剂）等。各类显热储热材料的特性比较见表 5-5。

表 5-5　　　　　　　　　　　　显热储热材料的特性比较

储热材料		温度（℃）		平均密度（kg/m³）	平均热导率[W/(m·K)]	平均热容（J/K）	体积比热容[J/(m³·K)]	材料成本（美元/kg）	储热成本（美元/kWh）
		冷	热						
固体介质	砂-岩石-矿物油	200	300	1700	1.00	1.30	60	0.15	4.20
	高强混凝土	200	400	2200	1.50	0.85	100	0.05	1.00
	NaCl（固）	200	500	2160	7.00	0.85	150	0.15	1.50
	铸铁	200	400	7200	37.00	0.56	160	1.00	32.00
	铸钢	200	700	7800	40.00	0.60	450	5.00	60.00
	硅土耐火砖	200	700	18200	1.50	1.50	150	1.00	7.00
	镁基耐火砖	200	1200	3000	5.00	1.15	600	2.00	6.00
液体介质	矿物油	200	300	770	0.12	2.60	55	0.30	4.20
	合成油	250	350	900	0.11	2.30	57	3.00	43.00
	硅油	300	400	900	0.10	2.10	52	5.00	80.00
	亚硝酸盐	250	450	1825	0.57	1.50	152	1.00	12.00
	硝酸盐	265	565	1870	0.52	1.60	250	0.70	5.20
	碳酸盐	450	850	2100	2.00	1.80	430	2.40	11.00
	液态钠	270	530	850	71.00	1.30	80	2.00	21.00

注　数据取自于为 2000 年美国能源部下属国家可再生能源实验室所做的报告。

由表 5-5 可见，砂-岩石-矿物油由于使用温度上限较低，受到限制；而高强混凝土和盐类介质的成本较低，热容可接受，但其热导率很低；硅土耐火砖和镁基耐火砖常用于高温储热系统，相比高强混凝土和盐，用于低温储热则不经济；铸铁比较昂贵，但是在成本适中的情况下，铸铁能够提供较高的热容和热导率。

钢筋混凝土储热是一种相对廉价的储热方式，实验室研究已证明其可行性，其中最不确定的因素是在经历长期的多次"充热—放热"循环后，混凝土储热材料的稳定性是否能够保证。

二、潜热储热

潜热储热是利用储热介质发生相变时吸收或放出热量来实现能量的储存，具有储热密度大、充放热过程温度波动范围小、结构紧凑等特点，20世纪70年代就引起人们极大的关注，例如PS10塔式电站即采用饱和汽/水储热器。目前，相变材料的高温性能有待于进一步验证，高温潜热储热应用于太阳能热发电站也还有待经过实际工程验证。

三、化学反应热储热

化学反应热储热是通过化学反应热进行储热，具有存储密度高、可以长期储存等特点。美国太阳能研究中心指出，化学反应热储热是一种很有潜力的高温储热方式，且成本有可能降至相对较低的水平。利用氢氧化钙或氨的分解与合成反应储热，这种化学反应热储热方式在理论上可以满足太阳能光热发电的要求，如何与发电系统结合还有待经过实际工程验证。

第六节　汽轮机组选型与运行模式

为了使所设计的塔式太阳能光热发电站建成后实现安全可靠运行，并达到预期的设计指标和性能，在工程设计中应高度重视汽轮机组选型、汽轮机工况定义以及汽轮机组运行模式选取。

一、汽轮机组选型

截至2016年2月，国际上已投入运行的塔式电站，机组容量等级已达100MW。位于美国加州圣伯纳迪诺的Ivanpah 392MW水/蒸汽塔式电站，分三期建设，由BrightSource提供技术并建设，采用水作为传热工质，汽轮机为西门子生产的SST-900型再热、空冷纯凝汽轮发电机组，进汽参数15MPa/570℃，汽轮机额定功率130MW，无储热，天然气补燃。位于美国内华达州Tonopah的新月沙丘（Crescent Dunes）110MW熔融盐塔式电站，汽轮机为阿尔斯通生产的11.5MPa进汽压力，混合冷却方式纯凝汽轮发电机组，由SolarReserve提供技术并建设，采用二元硝酸盐作为传热和储热工质，为双罐储热系统。全球太阳能光热发电向单机容量100MW级、亚临界参数、8h以上长周期储热方向发展，面向承担基础电力负荷的大容量、高参数、可调度，是国际太阳能光热发电技术发展趋势。

（一）汽轮机组选型要求

太阳能光热发电用汽轮机与常规火电用汽轮机大致相同。汽轮机组选型应满足以下要求：

（1）电站总装机容量分为大型、中型或小型。大型电站总装机容量为大于等于400MW，中型电站总装机容量为大于等于50MW且小于400MW，小型电站总装机容量为小于50MW。

（2）大型、中型塔式太阳能光热发电站具有参与电网调峰、调频的能力。

（3）在满足电力系统要求的条件下，通过技术经济比较确定汽轮机组容量、储热时间和运行方式。

（4）目前，国内生产制造可用于塔式太阳能光热发电的汽轮机有：单机容量为25、35、50、100MW高温高压非再热式汽轮机组，以及单机容量为125、150、200MW高温超高压再热式汽轮机组。经调研，国内已有将50MW或100MW高温高压非再热式汽轮机组改造为再热机组的实践。

（5）汽轮机组能够满足频繁启停和快速启动运行工况的要求。

（6）汽轮机组额定容量与集热场容量和储热系统容量相匹配。

（7）汽轮机最大进汽量与蒸汽发生器最大连续蒸发量相匹配。

无论从提高机组热经济性方面，还是技术成熟度及设备成本方面，塔式太阳能光热发电汽轮发电机组单机容量等级以不低于50MW为宜，可采用高温高压再热式或非再热式参数，也可采用高温超高压再热式参数或更高亚临界参数。

（二）汽轮机组参数

现阶段，国家对于节能减排的要求越来越高，采用高温高压再热式参数可以大大提高太阳能光热发电机组的发电效率，降低供电能耗。汽轮机组参数应满足以下要求：

（1）现阶段，光热发电汽轮机组选型参数可参考常规火电机组汽轮机选型参数，应符合国家标准GB/T 754—2007《发电用汽轮机参数系列》的有关规定。

（2）汽轮机额定进汽参数可参考国家标准GB/T 754—2007《发电用汽轮机参数系列》，即超高压参数新蒸汽压力为12.7～13.2MPa，温度为535～540℃，再热蒸汽温度为535～540℃；高压参数新蒸汽压力为8.8MPa，温度为535℃，再热蒸汽温度为535℃。根据项目特点经技术经济比较后优化选择。

二、汽轮机组额定功率工况定义

与常规火电机组一样，太阳能光热发电机组在工程设计阶段同样面临汽轮机组额定功率工况定义。对于火电机组额定功率的定义，各国采用的标准有所不同。

（一）我国标准

我国现行国家标准GB/T 5578—2007《固定式发电用汽轮机规范》和电力行业标准DL/T 892—2004《电站汽轮机技术条件》的共同之处是以冷却介质在全年最高温度（即夏季温度）对应的背压条件来确定额定功率，这是我国近期建设投产的火电机组中较为普遍采用的汽轮机额定功率工况的定义。但是，对于空冷机组，国家标准GB 50660—2011《大中型火力发电厂设计规范》规定，按照冷却介质全年平均计算温度对应的背压（即额定背压）条件即 TMCR 工况条件确定额定功率。

在国家标准 GB/T 51307—2018《塔式太阳能光热发电站设计标准》中，汽轮机组额定功率工况定义沿用了 2011 年版《大火规》的工况定义。

（二）IEC 标准

国际电工委员会（IEC）1991 版标准 IEC 60045-1：1991 Steam turbine Part 1：Specifications 中 3.5 条对于功率的定义规定：机组最大连续功率 TMCR（也称为额定出力、额定功率或额定负荷），是由供方给定的汽轮机输出功率。在输出这一功率时，机组能在规定的终端条件下，在不超过规定的寿命期限内可以不受运行时间的限制。通常这是执行保证热耗率的功率。调节（控制）阀不必全部开启。

从上面的定义可以看出：机组最大连续功率即为机组额定功率。虽然此处"规定的终端条件"不十分明确，但明确了在此功率执行保证热耗率，根据该标准 3.7 条对保证热耗率的规定中可以看出：保证热耗率对应的是额定的终端条件。因此，不难理解额定功率定义中的"规定的终端条件"中的背压对应机组的额定背压。这样的理解与国际上的工程实践也是相吻合的。

（三）国家标准与 IEC 标准定义的主要差别

为了清晰地看出现行国家标准与 IEC 标准在机组额定功率定义上的差别，下面将

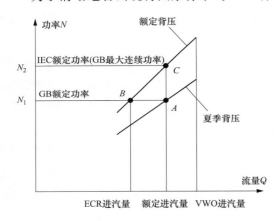

图 5-5　两种额定功率定义工况关系示意图

同一汽轮机组在两种额定功率定义下的不同运行工况的差异关系作图 5-5 表示。

A 点为国家标准（GB）定义的机组额定功率 N_1，C 点为 IEC 标准定义的额定功率 N_2。两者均对应汽轮机额定进汽量，区别在于定义工况对应的背压不同，国家标准（GB）对应于夏季背压，而 IEC 标准对应于额定背压，所以 N_2 大于 N_1。

按照 IEC 标准定义，机组额定功率与最大连续功率相同，比 GB 标准定义的额定功率增加约 7%。在火力发电厂设计中，所有系统及设备的设计参数及容量选择，均能够满足机组在最大连续功率工况运行要求，有些系统及设备则按照汽轮机调节阀全开工况（VWO 工况）设计。显然，同一机组仅由于对额定功率的定义不同，使得电网可调用的机组最大出力相差较大，全年的发电量也有很大差别，将对机组成本电价带来影响。

（四）太阳能光热发电汽轮机组额定功率

在全年运行过程中，太阳能光热发电机组与常规火电机组不同的是：夏季太阳能资源较好，法向直射辐照度 DNI 较高，且每天延续时间较长，集热场可以输出更多热量，即使受到夏季背压的影响，汽轮机组仍具有按最大连续功率工况运行的能力。例如，按玉门地区典型太阳年 DNI 数据计算，日发电负荷可以超过 50MW 的运行时数全

年达 1073h，50MW 槽式空冷机组年发电量可增加 160 万 kWh，则机组成本电价更低。

我国现行的电网调度原则是按机组额定功率（即铭牌功率）调度。在此原则下，鉴于以上分析计算，无论空冷或湿冷太阳能光热发电机组，推荐采用 TMCR 工况条件确定额定功率。这样在太阳能光热发电机组全部设备投资不变的前提下能够取得更好的经济效益，提高太阳能光热发电设备的利用率和运行经济性。在实际项目中汽轮机组额定功率按 TMCR 工况定义的方式可供参考。

三、汽轮机组运行模式

由于太阳特性，汽轮机组每天经历一次从清晨太阳升起开始启动，到太阳落山逐渐停运，直至夜间系统防凝运行的过程。由于熔融盐吸热器系统与汽轮发电机组完全可以解耦运行，运行模式相对简单，而水/蒸汽吸热器与汽轮发电机组存在耦合运行，运行模式相对复杂。以水/蒸汽吸热器与熔融盐储热为例，塔式太阳能热发电系统可能存在以下 6 种典型的运行模式，分别是：

模式 1：水/蒸汽吸热器产生的过热蒸汽全部输送至汽轮机组；

模式 2：水/蒸汽吸热器产生的过热蒸汽全部输送至储热系统储存热量；

模式 3：汽轮机组过热蒸汽全部来自储热系统释放热量；

模式 4：水/蒸汽吸热器产生的过热蒸汽输送至汽轮机，并同时输送至储热系统储存热量；

模式 5：汽轮机组过热蒸汽同时来自水/蒸汽吸热器和储热系统释放热量；

模式 6：水/蒸汽吸热器产生的过热蒸汽输送至储热系统储存热量，同时储热系统释放热量产生过热蒸汽送往汽轮机。

1. 水/蒸汽吸热器直接发电运行模式

将汽轮机第一级金属温度处于 200℃ 以下时机组启动状态规定为冷态启动。以冷态启动为例，启动过程遵循的原则顺序为：启动前的准备→投运部分定日镜→吸热器升温升压→暖管→冲转→暖机→升速→汽轮机并网带负荷→采用汽轮机跟随模式运行→退出运行（停机）。

2. 储热系统充热运行模式

除储热罐外，将全场设备处于环境温度的启动状态规定为冷态启动。以冷态启动为例，启动过程遵循的原则顺序为：启动前的准备（包括储热系统熔融盐罐与熔融盐工质的预热）→投运部分定日镜→吸热器升温升压→凝汽器抽真空并暖热井→储热系统设备及管路的预热→过热蒸汽全部输送至储热系统储存热量。

3. 储热系统放热发电运行模式

当阴天或云遮时，集热场输出的热量不足，此时若储热系统具备产生过热蒸汽的能力，而汽轮机仍处于运行状态，则汽轮机进口过热蒸汽可以全部来自储热系统。

除储热罐外，将全场设备处于环境温度的启动状态规定为冷态启动。以冷态启动为例，启动过程遵循的原则顺序为：启动前的准备→暖管→凝汽器抽真空并暖热井→

储热系统熔融盐侧暖管→冲转→暖缸→汽轮机升速带负荷。

4. 水/蒸汽吸热器直接发电＋储热系统充热运行模式

当夏季太阳能资源非常充足时，DNI 持续较高，集热场输出的热量相当多，水/蒸汽吸热器产生的过热蒸汽除输送至汽轮机满足机组满负荷发电以外，多余热量还可以输送至储热系统。

除储热罐外，将全场设备处于环境温度且汽轮机第一级金属温度处于 200℃以下时机组启动状态规定为冷态启动。以冷态启动为例，启动过程遵循的原则顺序为：启动前的准备→投运部分定日镜→吸热器升温升压→暖管→冲转→暖机
→升速┬→汽轮机并网带负荷→采用汽轮机跟随模式运行→退出运行（停机）。
　　　└→过热蒸汽部分输送至储热系统储存热量

5. 水/蒸汽吸热器直接发电＋储热系统放热运行模式

当春秋季太阳能资源较充足时，集热场输出的热量较多，水/蒸汽吸热器产生的过热蒸汽输送至汽轮机不能满足机组满负荷发电，此时可以通过储热系统释放热量补充过热蒸汽输送至汽轮机组。

除储热罐外，将全场设备处于环境温度且汽轮机第一级金属温度处于 200℃以下时机组启动状态规定为冷态启动。以冷态启动为例，启动过程遵循的原则顺序为：启动前的准备→投运部分定日镜→吸热器升温升压→暖管→冲转→暖机
→升速┬→汽轮机并网带负荷→采用汽轮机跟随模式运行→退出运行（停机）。
　　　└→储热系统释放热量输送过热蒸汽至汽轮机

6. 储热系统充热＋储热系统放热发电运行模式

水/蒸汽吸热器产生的过热蒸汽输送至储热系统储存热量，同时储热系统释放热量产生过热蒸汽送往汽轮机，在此过程中额外增加了换热损失，因此此种运行模式在太阳能热发电机组实际运行中不常采用。

第六章

塔式太阳能光热发电站镜场设计

定日镜场是塔式太阳能光热发电区别于其他光热技术路线的重要子系统。它是由大量的、具有双轴跟踪系统的、按一定方式布置的定日镜以及镜场控制系统组成。在塔式光热电站定日镜场运行时，定日镜场中每台定日镜实时跟踪太阳位置，将太阳光辐射能反射至位于定日镜场中或边缘的吸热塔顶部的吸热器上，加热流经吸热器内的工作介质，实现太阳能向热能的转化，以达到收集太阳辐射能的目的。对于50MW级及以上装机规模的塔式光热电站，定日镜场成本占电站总投资的50%以上，是塔式光热电站最大的成本构成。因此，在满足电站整体工艺要求和集热量要求的条件下，通过合理的定日镜场优化设计，可有效地提高定日镜场效率，从而在同等集热量条件下，减少定日镜数量、降低定日镜场投资，起到降低塔式光热电站总投资、提高电站经济效益的作用。

定日镜场设计中最主要的设计内容包括定日镜数量设计、定日镜布置方式和位置设计以及吸热塔位置和高度设计。通过完成上述定日镜场参数设计，使光热电站的集热场满足年集热量或设计点吸热器热功率的要求，同时基于上述定日镜场设计参数对定日镜场各效率进行计算。此外，定日镜场设计还包括了定日镜场内的道路布置等内容。

第一节　定日镜场设计的基本思路

塔式太阳能光热发电站的定日镜场设计需要首先确定站址光资源、气象环境及土地等各项边界条件，以实现电站集热量或发电量要求为目标，通过仿真计算和技术经济比选最终确定定日镜场中定日镜的数量、布局及吸热塔的位置和高度。

定日镜场设计遵循以下基本思路：

（1）充分考虑各类资源及边界条件，保证定日镜场设计的有效性和可行性。定日镜场设计时需要充分考虑该电站的光资源条件、气象环境条件、土地条件等因素，调研并获取尽量真实准确的数据以作为定日镜场的输入参数，保证定日镜场的设计结果有效，且在实际的条件下可行。

（2）通过综合技术经济比选，以电站经济性最优为原则。定日镜场设计时需对定日镜间距、吸热塔高度等进行优化，优化的目标和原则是使电站的综合度电成本最低、经济性最优。

（3）兼顾考虑集热场的设备选型及发电区布置。定日镜场是塔式光热电站中占地面积最大的区域，并且一般分布位于发电区的四周，因此定日镜场的设计需兼顾考虑定日镜、吸热器、镜面清洗系统的选型，同时也需兼顾与发电区和电力系统出线设计相匹配。

第二节　定日镜场设计边界条件及输入因素分析

一、定日镜场效率的影响因素分析

定日镜场设计与定日镜场的效率紧密相关，定日镜布局、吸热塔高度等各种设计参数都对定日镜场效率有影响，而定日镜场效率又是定日镜数量的计算依据，因此影响定日镜场效率的边界条件和因素也是影响定日镜场设计的条件和因素。

定日镜场效率通常指某一时刻的定日镜场瞬时效率（如设计点时刻）。由于定日镜场效率是与太阳高度角紧密相关的，而太阳高度角在不同纬度、不同季节、不同时刻都不同，因此一个确定位置光热电站的定日镜场效率随着季节的变化而变化，并不是一个恒定不变的值。在确定了单个定日镜面采光面积、定日镜总数量、太阳直接辐射量后，定日镜场效率 η_{field} 与定日镜场的输出热功率 E_{field} 成正比，公式计算为：

$$E_{field} = A_m \cdot N_m \cdot DNI \cdot \eta_{field} \tag{6-1}$$

式中　A_m——单个定日镜面采光面积；

$\quad\quad N_m$——定日镜总数量；

$\quad DNI$——太阳直接辐射量。

理论上，定日镜场效率 η_{field} 由以下效率相乘而得：

$$\eta_{field} = \eta_{sb} \cdot \eta_{cos} \cdot \eta_{att} \cdot \eta_{trunc} \cdot \eta_{cln} \cdot \eta_{ref} \tag{6-2}$$

式中　η_{sb}——遮挡和阴影率；

$\quad\quad \eta_{cos}$——定日镜余弦效率；

$\quad\quad \eta_{att}$——大气透射率（等于1—大气衰减率）；

$\quad\quad \eta_{trunc}$——吸热器截断效率；

$\quad\quad \eta_{cln}$——定日镜镜面清洁度；

$\quad\quad \eta_{ref}$——定日镜镜面反射率。

其中定日镜余弦效率与电站所在站址纬度、吸热塔高度和定日镜与吸热塔位置有关，外部边界条件为站址纬度，其余为设计输出参数；遮挡和阴影率与吸热塔高度和定日镜间距与布局有关，均为设计输出参数；大气透射率与空气洁净度、湿度、风速、海拔有关，为外部边界条件，也与定日镜到吸热塔距离有关；镜面反射率与定日镜设备选型参数有关，可视为固定值；定日镜镜面清洁度与空气洁净度、降雨量以及采用的清洗方案有关，为外部边界条件；吸热器截断效率与吸热器尺寸、定日镜场布局和控制技术有关。因此综上所述，在开展定日镜场设计时，需要获取站址所在地的地理位置、海拔、土地、太阳能资源和当地气温、风速等气象数据，以确定定日镜场设计的各项边界条件。

对于已确定选址的光热电站，其纬度信息为主要输入参数，是吸热塔高度设计、定日镜位置布局、定日镜余弦效率及遮挡和阴影率计算的基础。对于尚未确定选址的光热电站，一般来说，站址纬度越低，定日镜余弦效率越高、同等吸热塔高度条件下定日镜数量也越少，有利于提升光热电站的整体经济性。在其他因素差异不大的条件下，优先选取纬度低的地区作为光热电站选址点。

此外，一般来说海拔越高，空气越通透，大气透射率越高；空气洁净度越高、湿度越低，大气透射率也越高。因此，在其他因素差异不大的条件下，优先选取空气通透度高、湿度低、空气洁净度高的地区作为光热电站选址点。对于我国高海拔、空气稀薄的西北高原地区可根据电站装机规模取大气透射率90%～93%；对于我国海拔低于2000m的西北地区，大气透射率一般低于高海拔地区。

定日镜场设计时，还需重点考虑定日镜镜面反射率与镜面洁净度对定日镜场效率的影响。其中镜面反射率的取值可参照反射镜出厂时的测试值。一般地，目前国内外主流镀银反射镜厂商提供的镜面反射率为92%～94%，且在光热电站发电的全寿命周期内不会衰减。因此该输入因素可根据具体设备选型情况而确定为某一固定值。定日镜镜面清洁度的取值需根据当地实际空气清洁度、环境（如沙尘、露水、积雪等）及镜面清洗策略进行综合评估。我国西北地区风沙较大，根据实际对比，清洁度水平不如国外如美国加州、西班牙塞维利亚等地区的光热电站。一般地，在现有镜面清洗策略和技术条件下，在我国西北地区定日镜镜面清洁度值选取85%～90%，而上述国外地区的光热电站则可选取高于90%的数值作为镜面清洁度设计值，如国外有项目选择97%作为年均清洁度设计值。

二、土地对定日镜场设计的影响分析

在上述影响定日镜场效率的各项因素中，土地因素是值得重点关注的。电站土地的面积和形状直接对定日镜数量、定日镜间距和布局产生了限制和影响，从而间接影响定日镜余弦效率以及遮挡和阴影效率。

在评估土地对定日镜场设计的影响时，首先应关注土地面积对定日镜数量的限制，以评估该土地面积是否能够布局足够多的定日镜以满足电站的集热量或发电量要求。其次，对于土地面积尚未明确或较充裕的情况，则需要在集热量或发电量的需求的基础上完成定日镜场设计，再确定土地面积和形状。定日镜场设计时还需要考虑不同土地性质和成本，以降低电站综合成本。最后，定日镜场设计时，需要考虑地形地貌以及对动植物保护要求。具体来说，土地对定日镜场设计的影响有以下几点：

（1）土地的尺寸限制和成本将影响定日镜场布局方式的选择。设计时需要针对土地成本与定日镜场成本综合性经济比较后确定定日镜的间距与布局。对于土地成本低且土地面积充裕的情况下，可以在定日镜场布局中使定日镜间距适当加大，以减少遮挡和阴影损失，从而减少定日镜的总数量，降低综合成本。对于土地成本高或土地面积有限的情况下，为了减少土地面积或在有限的土地面积中提升集热量或发电量，可以采用适当减小定日镜间距、增高吸热塔高度等方式进行设计。

（2）土地的地势对定日镜余弦效率及遮挡和阴影效率有一定影响。位于北半球的塔式光热电站，北高南低的地势将提升定日镜场整体的余弦效率。而吸热塔所处位置地势低、四周地势高的条件下，将同时对定日镜余弦效率及遮挡和阴影效率有提升作用。

（3）土地的地形地貌若高低起伏较大，则可能会影响到定日镜的正常转动以及镜面清洗车的通行。因此在高低起伏较大的地区进行定日镜场设计，需要以不影响定日镜正常转动和镜面清洗车正常通行为原则，进行土地场地平整。

（4）定日镜场布置的同时还需要为传热、储换热系统、发电区及电力系统出线留出所需布置的土地和空间。

（5）有植物保护要求的土地的定日镜场设计也有所影响。电站土地范围内有需要保护又不能被迁移的植被时，镜场设计时应避开植被的位置，同时需要考虑植被产生的阴影和遮挡。

综上所述，定日镜场设计的边界条件及输入因素主要分为"天"和"地"两类，包括：站址地区的 DNI、湿度风速等气象信息、空气洁净度、站址纬度、海拔、土地面积、形状及地形地貌等情况。

第三节　镜　场　设　计　内　容

在获取定日镜场设计的边界条件和各输入因素后，即可开展定日镜场设计，确定吸热塔高度、位置及定日镜场布置，并计算定日镜场效率。初步确定定日镜场设计参数后，再验证定日镜场输出热功率是否满足吸热器热功率要求，以及验证吸热器年集热量、年发电量是否满足设计要求。本节对定日镜场设计内容中的吸热塔高度选择、定日镜场道路的布置，以及镜场效率计算进行介绍，定日镜场的布置内容单独在第四节中详细描述。

一、吸热塔位置及高度设计

定日镜场的设计与定日镜场效率紧密相关，吸热塔的位置和高度对定日镜余弦效率、遮挡和阴影效率以及大气透射率有一定的关系。

吸热塔的位置与定日镜余弦效率紧密相关。位于北半球，尤其是在北回归线以北的塔式光热电站，太阳大部分时间或全部时间在定日镜场南侧，吸热塔以北的定日镜场余弦效率远高于吸热塔南边的定日镜场。因此，吸热塔位置处于定日镜场南部，即北定日镜场定日镜数量高于南定日镜场时，有助于北半球塔式光热电站余弦效率的提升。同理，对于南半球塔式光热电站，南定日镜场的定日镜数量高于北镜场时，将提升塔式光热电站余弦效率。

吸热塔的位置与遮挡和阴影效率也有一定关系，但遮挡和阴影效率更多地受镜场布置影响。与余弦效率相反，吸热塔南部的定日镜遮挡和阴影效率高于吸热塔北镜场。如图 6-1 所示，综合考虑余弦效率以及遮挡和阴影效率的影响，北半球塔式光热电站北镜场的定日镜场效率仍高于南镜场。因此对于北半球的塔式光热电站，吸热塔的位置处于定日镜场中部偏南的位置，有利于定日镜场效率的提升。同时考虑到吸热器的均匀性要求，对于我国西北北纬 36°～43°地区北镜场和南镜场定日镜数量比例一般选取 6∶4 至 7∶3 左右的比例。

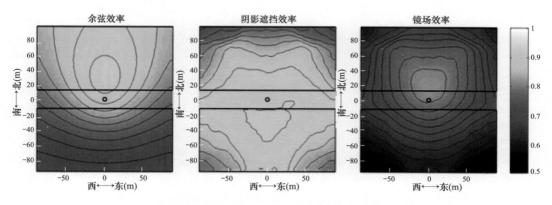

图 6-1　站址在北纬 37°的塔式光热电站余弦效率、阴影遮挡效率、镜场
效率相对吸热塔位置的分布图

　　吸热塔高度对余弦效率、遮挡和阴影效率都有较大的影响，如图 6-2 所示，增加塔高对同时提升余弦效率、遮挡和阴影效率都有影响，从而可以显著提升定日镜场效率。规模越大的塔式光热电站，与吸热塔距离远的定日镜数量比例越多，余弦效率和遮挡和阴影效率越低，吸热塔高度增加对定日镜场效率的提升效果越明显。因此，一般装机规模越大、储能时长越长、定日镜数量越多的塔式光热电站，吸热塔需要设计更高的高度。

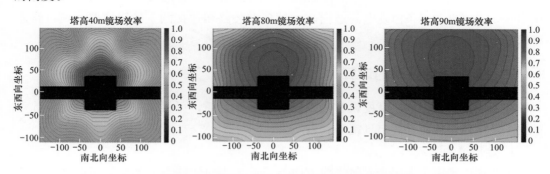

图 6-2　站址在北纬 37°的塔式光热电站不同吸热塔高度下镜场效率的分布图

　　然而，吸热塔高度越高，将增加吸热塔成本，熔融盐泵扬程与成本，因此塔式光热电站的吸热塔高度设计往往综合考虑定日镜场效率与吸热塔成本综合技术经济比选后确定。表 6-1 是已商业化运行的国内外塔式光热电站的装机容量与吸热塔高度对比，基本符合装机容量越大、储能时长越长，吸热塔高度越高的规律。目前国外塔式光热

电站吸热塔最高设计高度约为 260m。

表 6-1 全球已投运塔式光热项目装机容量与吸热塔高度

项目名称	装机容量	塔高（m）
Crescent Dunes	110MW，储能 10h	164
Ivanpah SEGS	392MW（3 个模块）	137
Sierra SunTower	5.0MW（2 个模块）	55
PS 10	11MW	115
PS 20	20MW	165
Gemasolar	20MW，储能 15h	140
青海德令哈 10MW 电站	10MW（2 个模块），储能 2h	92
甘肃敦煌 10MW 电站	10MW，储能 15h	135
Ashalim CSP	121MW	243

二、定日镜场道路布置

定日镜场道路的布置需要综合考虑定日镜安装、设备运输、维修及清洗车辆通行的要求，在满足上述要求的条件下，尽量减小道路长度和宽度，以实现节省土地和降低道路土建施工量的优化目标。定日镜场道路布置的具体设计包括以下内容：

（1）定日镜场道路布置需要考虑吸热器、传热、储换热系统及发电区设备的维护检修。由于吸热器、传热、储换热系统发电区均位于定日镜场包围的中央区域，因此定日镜场中的道路也需要考虑到上述系统中各设备的运输、安装、检修和消防安全通行空间。

（2）考虑定日镜的安装、维修和清洗，定日镜场道路需要设置若干条环形道路，道路需要覆盖到全部定日镜。

（3）考虑吸热塔、传热、储换热系统及发电区大型设备的安装、运输以及电力系统出线，需要设置一条由发电区通向与城镇现有公路相连接的主通道道路，该道路需要尽量短捷，以降低成本。

三、定日镜场效率的计算

在完成吸热塔位置、高度设计以及定日镜场布置后，可根据站址纬度计算设计点的太阳高度角，从而计算定日镜场效率。

1. 定日镜余弦效率

余弦损失是由于太阳光入射光线方向与镜面采光口法线方向不平行引起的接收能量的减少。余弦效率大小与定日镜表面法线方向和太阳入射光线之间夹角的余弦成正比，余弦效率＝1－余弦损失。余弦损失的大小与太阳能接收的时间、定日镜的位置、吸热器的位置和镜场选址地理纬度有关。图 6-3 为北半球不同纬度下的余弦效率分布图，从图 6-3 可以看出，随着纬度的升高，余弦效率的峰值区是逐渐往北偏移的。

镜场规模越大，余弦效率越低；吸热塔越高，余弦效率越高。

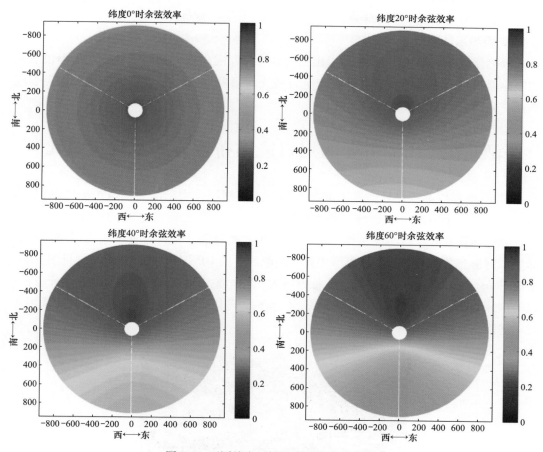

图 6-3　不同纬度下镜场余弦效率分布图

2. 遮挡和阴影效率

遮挡和阴影效率＝1－阴影遮挡损失。阴影遮挡损失包括阴影损失和遮挡损失。阴影损失指被其他定日镜或吸热塔遮挡使得太阳直接辐射无法到达该定日镜的采光面上而造成的能量减少；遮挡损失指定日镜的反射光线投射到目标靶（吸热器）之前被相邻定日镜遮挡造成的能量减少。

阴影和遮挡损失的大小与太阳能接收的时间、定日镜的位置、吸热器的位置、高度有关，主要是通过定日镜沿太阳入射光线方向或沿吸热塔上吸热器反射光线方向上，在相邻定日镜上的投影来进行计算，一般可通过调整相邻定日镜之间的间距，来减小定日镜相互之间所造成的阴影和遮挡损失。

3. 大气透射率

大气透射率＝1－太阳能传输损失。太阳能传输损失指由于大气对太阳辐射的吸收和散射带来的太阳辐射传输损失。太阳能传输损失通常与当地海拔以及空气清洁度（如灰尘、湿气、二氧化碳的含量等）引起吸收率的变化有关。当气象及环境条件一定时，太阳能传输损失与定日镜与吸热器的距离有关，定日镜距吸热器越远，太阳能传输损失越大。因此镜场的规模越大，大气透射率越低。一般地，100MW 项目比 50MW

项目的大气透射率低 3 个百分点。

4. 吸热器截断效率

吸热器截断效率＝1－吸热器溢出损失。吸热器溢出损失指由定日镜反射但没有到达吸热器吸热面的能量。溢出损失与定日镜光斑形状和大小、定日镜的跟踪误差、吸热器受光面大小等因素有关。

第四节　几种主要的定日镜场布置方式及优劣对比

自 1950 年原苏联设计建设了世界上第一座小型塔式太阳能热发电试验电站以来，国际上已有多个国家也在设计、开发塔式光热电站。从已建成电站的镜场设计来看，定日镜的布置具有较强的规律性。目前国内外主要的定日镜场布置采用直线型阵列式布置和圆形布置两种方式。以青海中控太阳能德令哈 10MW 塔式光热电站（见图 6-4）、美国 Sierra Sun Tower 等电站为代表的塔式光热电站采用定日镜场直线型设计方法；以西班牙 Gemasolar 电站、美国 Crescent Dunes 等电站为代表的塔式光热电站采用定日镜场圆形布置方式。

图 6-4　青海中控太阳能德令哈 10MW 塔式光热
电站镜场现场照片（直线型阵列布置镜场）

直线型阵列式布局定日镜场的布置相对比较简单，其特点是定日镜在多条平行直线上进行排布。每行上的定日镜位于同一条直线上，相邻行之间的定日镜东西方向交错布局，不同行之间的行间距相等或者不完全相等，同一行上的定日镜镜间距相等。直线型布局的优点是，可以尽量高地运用土地面积，镜地密度（定日镜总采光面积占定日镜场总占地面积比例）可高达 48％。然而，直线型布局的镜场阴影遮挡损失也会相对比较大，特别是距离吸热塔较远的东西两个角落区域，定日镜之间的交错对减小阴影遮挡的效果并不明显。综上所述，在定日镜场规模较小，或土地面积限制较大时，一般可以采用直线型阵列式布局。

与直线型阵列式布局不同的是，圆形布局几乎每一面定日镜都处于交错状态。这样定日镜场圆形布局可以比较好地解决直线型布局东西两侧阴影遮挡损失高的问题。

如图 6-5 所示。圆形布局的特点是定日镜按照以吸热塔为圆心的同心圆环排布，相邻圆环之间的定日镜按照半径方向交错排布；圆形布局按分区布置，同一区域的径向间距相等，镜环上的定日镜数目相等；不同区域圆环上的定日镜数目随着区域与塔的距离的增加而增加。圆形布局虽然在一定范围内使东西两侧的阴影遮挡损失不至于太严重，提高了定日镜场的效率，但是随着镜塔距离的不断增加，若相间镜环之间定日镜距离仍保持不变，其阴影遮挡效率同样比较低。

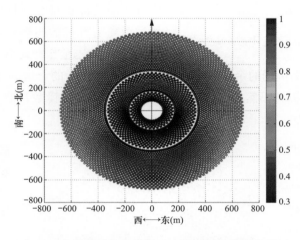

图 6-5　普通圆形布局示意及遮挡和阴影效率分布图

为解决圆形定日镜场布置时距离吸热塔较远的定日镜阴影遮挡效率低的问题，有几种对普通圆形定日镜场布局进行改进的布置方式被提出。最常见的为辐射网格布置，最初是由美国休斯敦大学的 Lipps 和 Vant-Hull 提出的，其优点是避免了定日镜处对相邻后环上定日镜的反射光线正前方而造成的光学阻挡[5,6]。在圆形定日镜场辐射网格布置中，定日镜被安装在距离吸热塔不同距离的圆环上，称为镜环。距离吸热塔最近的第一个镜环为基本环，其半径与吸热塔的高度有关，其他环的半径则根据与相邻镜环之间的径向间距的大小来确定，而同一环上相邻定日镜之间的距离由周向间距的大小来确定。环之间的最小径向间距需要保证相邻镜环上的相邻定日镜之间不发生碰撞；镜环之间的最大径向间距需要考虑减小定日镜对其后方定日镜反射光线的遮挡损失，但间距的增加会增加定日镜场占地面积；镜环上最小周向间距需要保证镜环上相邻定日镜之间不发生机械碰撞；镜环上最大周向间距需要考虑减小镜环上相邻定日镜对其后一镜环上定日镜反射光线的遮挡损失，但间距的增加会增加定日镜场占地面积。由于辐射网格布置的圆形定日镜场镜环间距以及镜环内定日镜间距可以根据不同边界条件要求进行调节，在土地利用率和镜场效率之间实现灵活设计达到平衡，因此是国内外 20MW 级规模及以上塔式光热电站定日镜场设计中最多采用的定日镜场布置方式，如图 6-6 所示。

另外，Francisco J. Collado 等提出了的一种新型 Campo 定日镜场设计方法。Campo 布置是一种类圆形布置，定日镜场布置由南至北定日镜环向间距逐渐变大。该布置

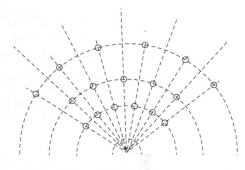

图 6-6 辐射网格状的圆形定日镜场布置示意图

方法适当地增加远距离定日镜在北镜场镜环之间的距离（如图 6-7 所示）。由于在北半球南镜场的遮挡和阴影效率相对高很多，Campo 布置的定日镜场还适当地（保证定日镜之间相互不碰撞的安全距离下）减小南镜场中远距离定日镜镜环之间的距离。Campo 布局定日镜场的优点是有效地解决了圆形布局镜场远距离定日镜的阴影遮挡损失较严重的问题。且由于它适当地减小南镜场镜环之间的距离，不但增加了南镜场的余弦效率，也有利于定日镜场的土地利用率的提高。不过，Campo 布置的定日镜场仍然无法解决区域变化时，由定日镜数目骤增引起的局部区域阴影遮挡损失的增加。

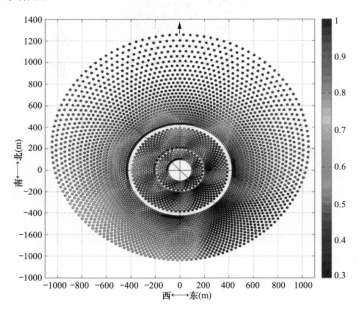

图 6-7 Campo 镜场布局示意及阴影遮挡效率分布图

近年来一些新的定日镜场布局方式也被提出。Corey J. Noone 等提出的一种新型仿生型定日镜场布置方式，定日镜采用螺旋线型布置。仿生型定日镜场布局的特点是定日镜均位于仿生型螺旋线之上，并以黄金分割角确定每个定日镜的方位（见图 6-8）。针对 Campo 镜场布局区域变化处局部定日镜的阴影遮挡损失较严重的问题，仿生型定日镜场布局

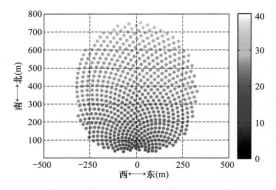

图 6-8 仿生型镜场布局示意及阴影遮挡效率分布图

可以使定日镜的镜地密度几乎是连续的减小，即相同土地面积上的定日镜随着镜塔距离的增加，逐渐连续地减少，从而降低距离吸热塔距离较远的定日镜的阴影遮挡损失。

定日镜场间距和布置方式的选择，本质上是阴影遮挡损失和土地利用率间的平衡。尤其随着定日镜场规模的增加，对于距离吸热塔更远的定日镜，更大的占地空间，会带来更少的阴影遮挡和更高的定日镜场效率。

然而，定日镜场布置不仅影响土地面积和定日镜场效率，对定日镜施工、维护及运营期内的定日镜清洗都有较大的影响。一般来说，定日镜场布置越复杂，施工及清洗设备的操作复杂度越高，受清洗设备影响的定日镜安全系数就越低（更易因清洗设备导致镜面破损）。上述几种定日镜场布局方式中，清洗设备影响对定日镜的安全系数由高向低排序如下：直线型阵列布局、辐射网格状圆形布局、Campo圆形布局、仿生型布局。

对于Campo布局的圆形镜场，由于南北定日镜场相邻镜环间距由北向南是逐渐较小的，对于在其中工作的镜面清洗设备来说，不同的定日镜场位置要求清洗车辆的行驶距离不同，不利于标准化操作，对清洗车驾驶员操作要求高，不利于定日镜的安全。仿生型布局镜场，镜场中根本不存在很规则直线型或环形的清洗路线可供清洗设备通行，清洗存在很大的困难。因此，由于定日镜的安装施工和清洗都需要定点定位操作，而仿生型布局和Campo布局中定日镜的排布和间距不规律，定位可行性差，它们的布局方式给定日镜施工和维护造成了极大的不便。出于上述原因，目前国内外均未有采用这两种定日镜场布局方法的塔式光热电站。

从定日镜场效率、单位土地定日镜数目、占地面积、施工运维复杂度多个角度，对上述几种镜场布置方法进行分析总结，给出了同等规模条件下各种定日镜场布置方法各特性由高到低的排序（见表6-2）。定日镜场设计方法不能只停留在理论分析上，必须兼顾项目的实际工程和运营维护。

表6-2　　　　　　　　　　不同定日镜场布局方法优劣特性排序

特性	按属性排序
镜场效率	仿生型≥Campo≥圆形≥直线型
定日镜数目	直线型≥圆形≥Campo≥仿生型
占地面积	仿生型≥Campo≥圆形≥直线型
施工运维复杂度	仿生型≥Campo≥圆形≥直线型

第五节　定日镜场设计算例

一、定日镜场设计实例

以我国青海省德令哈地区为例，地理纬度37°，地理经度97°，DNI年辐射总量为2047kWh/m²，镜面清洁度取90%，镜面反射率取94%，大气透射率取90%。对于装机规模100MW、储热时间15h的塔式熔融盐电站来说，吸热器热功率的要求为

700MW，年集热量要求为 1096GWh。

定日镜布置在满足定日镜转动空间及工程道路需求的同时，充分考虑影响镜场能量损失产生的原因（包括余弦损失、阴影和遮挡损失、太阳能传输损失、镜面清洁度、镜面反射率、吸热器溢出损失），采用圆形辐射网格定日镜场布局、低遮挡设计方案，确保每面定日镜之间的间距恰好或仅存在极少量的遮挡损失，以减少定日镜场能量的损失，从而收集到更多的太阳辐射能。同时考虑电站处于北纬 37° 的地理位置，吸热塔位于定日镜场中心偏南的位置，定日镜场中留有以吸热塔中心为圆心的圆形区域用于布置动力岛，并设置了 4 条通往动力岛布置区的主通道，其布置及参数如图 6-9 及表 6-3 所示。

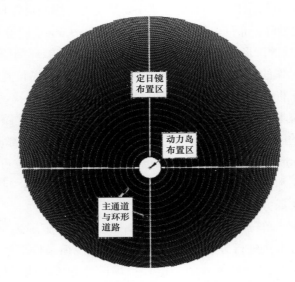

图 6-9　德令哈地区定日镜场布置示意图

表 6-3　　　　　　　　　　　　　　　德令哈地区定日镜场设计参数表

参数	单位	数值	备注
吸热器热功率	MW	700	
吸热塔高度	m	240	吸热器中心标高
反射面积	hm^2	140	
设计点镜场效率	%	56	余弦效率81%，阴影遮挡效率98%，大气透射率90%，镜面清洁度90%，镜面反射率94%，截断效率92%
镜场圆形区域占地	km^2	6.6	
动力岛布置直径	m	250	
主通道数量	条	4	

注　设计点定日镜场效率＝定日镜余弦效率×遮挡和阴影效率×大气透射率×镜面清洁度×镜面反射率×吸热器截断效率。

二、定日镜镜场设计软件实例

中控太阳能定日镜场设计软件 SPD100 专为塔式太阳能光热电站设计开发，可提供塔式太阳能热发电站项目整体设计方案，包括光资源分析、镜场设计、储热系统设计、常规岛系统设计、发电量计算、效率优化、性能分析以及经济性评估等内容。

SPD100 软件以塔式太阳能光热电站的整体经济性和度电成本为目标条件，以站址地区的 DNI、湿度风速等气象信息、空气洁净度、站址纬度、海拔、土地面积、形状及地形地貌等为输入参数，综合计算不同定日镜场面积、不同储能时长及不同发电量条件下的电站度电成本，供软件使用者进行技术经济比选，以确定定日镜场设计的参数。在进行各个环节设计时，软件结合了大量在中国西北高原地区实际电站建设及运行中积累的数据和经验，综合考虑电站实际运行中的天气、环境等各种可能产生的真实影响因素，并加以量化分析和优化设计，最终得出更符合实际电站运行的最优设计方案。

SPD100 软件的镜场设计综合考虑了地理和环境参数（包括经纬度、海拔、坡度、气温、气压等）、地形限制（支持不规则地形）、布局要求、定日镜规格参数、吸热塔塔高限制、吸热器热功率需求、定日镜制造、运输以及安装成本信息等，通过定日镜布局设计算法、各工况累计逐时发电量计算、度电成本计算等算法，并通过迭代优化，最终得到满足镜场热功率需求的经济性最优的镜场布局、吸热塔高以及储热时长、太阳倍数等参数，其中经济性优化充分考虑了国内和国外的电价策略和融资方面的差异，更符合中国的项目设计。

SPD100 软件可支持设计结果以折线图、分布图、平面图等图形方式直观展现光热电站的各项设计结果，并支持光资源分析报告、定日镜场设计报表、项目总体设计报告等文档内容，大大简化和规范了项目设计阶段工作。图 6-10 为 SP100 软件设计完成的中控德令哈 50MW 项目定日镜场效率图。图 6-11 为中控德令哈 50MW 项目的运行曲线界面。

图 6-10　中控德令哈 50MW 项目定日镜场效率图

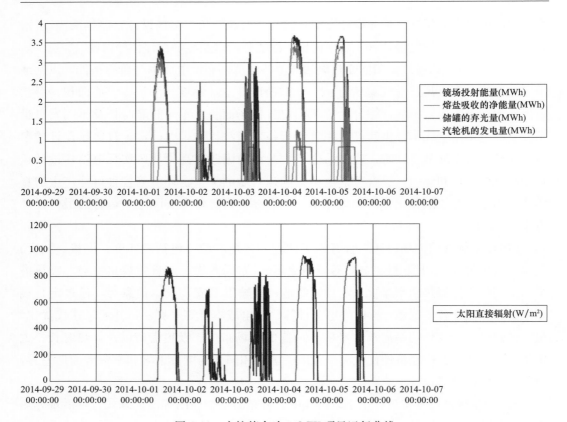

图 6-11 中控德令哈 50MW 项目运行曲线

第七章

塔式太阳能光热储热系统设计

带有储热的太阳能光热发电站可以平滑发电出力，对电网友好，提高了电网消纳波动电源的能力。同时，带有储热装置的太阳热发电系统在白天把一部分太阳能转化成热能储存在储热系统中，在傍晚之后或者电网需要调峰的时候用于发电以满足电网的要求，可实现连续稳定的发电和调峰发电，是太阳能光热发电相对于其他可再生能源发电方式一个最为重要和明显的优势，有利于稳定电力系统运行。本章介绍了塔式太阳能光热电站储热系统的作用以及设计特点，重点介绍了高温储罐的工作条件及选型设计、熔融盐泵的特点及配置、蒸汽发生器的结构特点及其配置与布置特点等。并对储热系统熔融盐耗量的计算及熔化耗能计算给出了简要的计算方法，可满足项目前期投资估算的需求。

第一节　储热系统及技术

一、储热系统作用

太阳能热发电系统中，储热系统可实现聚光集热系统和发电系统的解耦运行，并能在暂态天气变化时，缓冲太阳辐射变化对汽轮机进汽流量及参数的影响；提高电站对电网调度需求的适应能力或错峰运行能力；提高电厂年利用率（提高机组年利用小时数）；更均匀地提供电能。提高能量的分配能力需要采用较大的储热能力，储热系统可将太阳辐照好的时期积攒的能量分配到用电负荷大的时期供给。

由于配置储热系统，尽管增大了项目的投资，但是电站的发电量可以明显提高，提高了发电单元等的利用率，这样可以实现较好的财务指标，即资本金财务内部收益率会有明显提高。

二、典型塔式光热电站储热系统

在塔式熔融盐太阳能发电系统中（见图7-1），约290℃的液态熔融盐经泵从冷罐输送至吸热器，在吸热器内被加热到约565℃，再进入热罐存储。当需要发电时，热盐经泵进入蒸汽发生装置，产生过热蒸汽进入汽轮机，实现传统的朗肯循环发电。流经蒸汽发生装置放热的盐进入冷罐，再通过吸热器加热重复上述过程。确定最佳的储热系统容量，以确定储热系统发电能力的要求是系统设计过程中的一个重要部分。

全球第一座规模化塔式熔融盐电站 Solar Two 以及近年来投入商业应用的槽式和塔式电站所采用的储热介质是 60% 的硝酸钠和 40% 的硝酸钾混合物，熔点约 230℃，在冷罐中维持熔融态（约 290℃）。

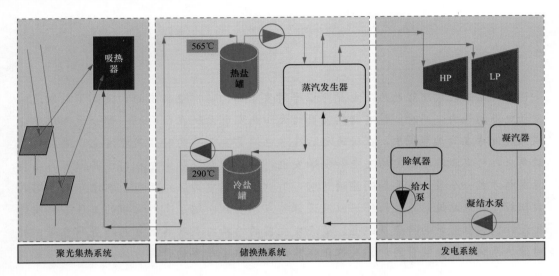

图 7-1　塔式熔融盐太阳能发电系统图

熔融盐储热系统的关键设备包括高低温熔融盐储罐、熔融盐泵组、蒸汽发生器，以及上述主要设备的附属设备，如布置在储罐内的浸没式电加热器、疏盐系统设备等。

储热及换热系统中工程设计的一个重要原则是，满足技术要求的前提下，系统尽可能简单。

三、储热系统的关键技术

设计储热系统，主要考虑到其储热能力，即储热系统能够存储和提供的能量的大小，此外还要考虑诸如以下成本因素：储热材料本身成本、相关换热器、输送储热介质的泵组、电伴热等辅助系统、存储储热介质的容器以及空间场地。

从技术角度考虑，关键性的因素在于储热材料应具有高能密度，即单位质量或单位体积所能存储的能量；当传热流体与储热介质不是同一介质时，考虑传热流体和储热介质之间具有良好的换热特性；储热材料的机械稳定性和化学稳定性；传热流体以及储热介质与换热器材料之间的化学共容性、多次充热放热后储热介质性能稳定性问题等。

如果将传热流体与储热介质采用同一介质，将会大大简化系统的复杂程度。这一简化典型的应用就是西班牙 PS10、PS20、南非 Khi Solar One 电站，这三座电站蒸汽作为吸热介质且同时采用蒸汽储热器存储热量；采用熔融盐作为吸热介质和储热介质的西班牙 Gemasolar（19.9MW 熔融盐储热）电站和美国 Solar Reserve 新月沙丘电站（110MW 熔融盐储热）以及目前国内在建设的中控太阳能德令哈 50MW 塔式熔融盐电站、首航敦煌 100MW 塔式电站及中电工程哈密 50MW 塔式电站。这些塔式熔融盐电站的吸热介质和储热介质均为熔融盐。

第二节　储热系统关键设备

一、储罐

太阳能光热电站熔融盐储热系统用于存储熔融盐，主要设备包括：低温熔融盐储罐（简称冷罐）、高温熔融盐储罐（简称热罐）、吸热器熔融盐循环泵（简称冷泵）、蒸汽发生器熔融盐循环泵（简称热泵）等。其中冷泵位于冷罐中，将低温熔融盐泵入吸热器，吸收太阳能温度升高后，返回热罐。热泵位于热罐中，将高温熔融盐泵入蒸汽发生系统与水/蒸汽换热产生过热蒸汽。

熔融盐储罐是本系统中的重要设备之一，从已运行的塔式熔融盐光热电站的运行经验来看，其中热罐是最易发生故障的设备，由于其工作温度约 560℃，运行过程中会有较大热膨胀、热应力，对设备的焊接制造要求高。对于常见的一冷一热盐罐的配置方案，如果一旦出现熔融盐罐泄漏，将导致整个光热电站无法正常运行，需停机维修。对熔融盐储罐的修复工作本身并不是很复杂，但是却需要将故障盐罐内的熔融盐彻底排空，并待罐体冷却下来才能进行修复焊接工作。根据公开信息，位于美国的 110MW 塔式熔融盐光热电站新月沙丘电站，发生热罐熔融盐泄漏后停机 8 个月后恢复发电运行。

熔融盐储罐是立式拱顶圆柱形罐体，与大气相连通，用于存放熔融盐。储罐的设计参照执行 API 650《焊接石油储罐》或 GB 50341—2014《立式圆筒形钢制焊接油罐设计规范》。上述标准并不完全适用于熔融盐储罐的设计，如对于 API650，其适用范围是温度在 260℃ 以下温度的场合。因此实际设计中应做充分的分析。

根据工艺系统运行参数，结合吸热器出口熔融盐温度设计参数与蒸汽发生器出口熔融盐温度，确定储罐设计及工作参数。

冷盐罐温度在机组（包括吸热器和汽轮机）额定负荷或额定参数附近时可维持在295℃左右，具体数值受蒸汽发生器出口蒸汽压力及蒸汽发生器设备设计有关。当如下情况时罐内熔融盐温度会波动：汽轮机负荷较低时，SGS 回盐温度会降低，以中国能建哈密 50MW 塔式热发电项目为例，当汽轮机负荷在 60%～80% 之间，回盐温度约（280±5）℃；当汽轮机负荷在 40%～60% 之间，回盐温度约（275±5）℃；当汽轮机负荷在低于 40% 运行，回盐温度约（270±5）℃。在多云天或吸热器极低负荷或启动阶段，由于吸热器出口熔融盐温度较低时（如低于 400℃）将进入低温储罐，此时较高温度（相对于储罐内存留的低温熔融盐）的熔融盐进入低温储罐将会提升储罐内熔融盐温度，尤其当储罐内存留的盐量较少时这一现象会更加明显。因此选取储罐设计温度应考虑这一因素。

热盐罐温度在吸热器额定负荷或额定参数附近时可维持在 565℃，但当如下情况时罐内熔融盐温度会波动：

（1）对于多云天，当吸热器出口流量跟踪温度调节有困难时，吸热器出口温度可在较低温度（相对于额定出口温度565℃）范围内波动，如（510±20）℃，这会降低高温熔融盐储罐内盐温；

（2）在电厂启动阶段，当前一天由于多云等较不理想的太阳能资源因素导致高温罐内盐温可能在距离设计温度较低水平下。这是因为前一天吸热器停运前，高温储罐内熔融盐存量较少（大部分用于发电放热），吸热器停机阶段出口熔融盐温度较低，但高于低温储罐的接受温度，而不得不使这部分熔融盐进入高温熔融盐储罐。这种情况下，高温储罐将有较低温度的熔融盐。且这种情况在全年会较为频繁发生。当前一天太阳能资源条件很好，高温储罐内熔融盐温度在设计温度附近，而次日吸热器运行初期吸热器出口较低温度的（暂定大于425℃）熔融盐会进入高温储罐，这样也会使高温储罐在吸热器启动初期有短时间降温的情况发生。

综合以上分析，高温及低温储罐的工作温度变化较为复杂，设计参数及工作参数只能考虑最大概率情况确定，设备招标及储罐设计阶段，应充分考虑这些因素。这些因素对罐体材料疲劳设计影响较大。

由于熔融盐高凝固点的特性，每个熔融盐罐底部，一般沿周向装有浸没式电加热器，用于罐内熔融盐防凝伴热。浸没式电加热器在机组正常运行阶段一般不投运，但考虑到储罐检修时防止熔融盐凝固会考虑装设此设备。也有工程项目不装设浸没式加热器。

现阶段，熔融盐储罐的配置多以成对出现，即一个高温储罐，一个低温储罐。当参照相关储罐设计标准选型计算时，对于较大容量的储罐，其侧壁底板厚度可能较厚，超出标准建议的上限，且由于高温储罐材料对焊接工艺要求高，工作条件较为苛刻，其故障检修耗时长，也有高温储罐配置为多台非全容量的案例。

二、熔融盐泵

应用于塔式熔融盐电站中的熔融盐泵分为吸热器熔融盐循环泵（低温熔融盐泵）和蒸汽发生器熔融盐循环泵（高温熔融盐泵），以及蒸汽发生器调温泵。

熔融盐泵一般为立式液下泵，布置在储罐上部的泵支撑平台上。其配置的基本原则为保证电站安全、经济运行。

调温泵选型时需考虑启动阶段逐渐提升进入蒸汽发生器的熔融盐温度，且在汽轮机停运阶段，输送小流量的低温熔融盐（约290℃）至蒸汽发生器，以防止系统中局部熔融盐温度继续降低，且产生厂用辅汽。若系统中其他泵或设备可实现此功能，也可不单独设置调温泵。

对于配置储热的塔式熔融盐电站，在午后高温熔融盐罐内的熔融盐液面多处于高位，相应的低温熔融盐罐内的液位处于低位。午后吸热器产生的高温熔融盐流量越来越小。低温熔融盐泵将输送很小流量的熔融盐去吸热器吸收热量，以保证吸热器出口熔融盐温度在设计值附近（约565℃）。若泵的变频范围不能满足吸热器低负荷运行需求的较小流量，则吸热器出口温度会降低。

当夜间高温熔融盐罐内熔融盐达到最低安全液位时，蒸汽发生器应依靠低温熔融盐泵输送的小流量熔融盐维持一定温度。

熔融盐泵可配置多台非全容量泵或两台全容量，在任何一台泵故障时，其余泵出力可满足蒸汽发生器额定负荷运行。目前100MW等级的塔式熔融盐电站，典型的配置为四台33％吸热器低温熔融盐循环泵和三台50％容量蒸汽发生器高温熔融盐泵。

三、熔融盐蒸汽发生器

（一）蒸汽发生器系统与配置

熔融盐蒸汽发生器是将熔融盐以显热存储的热能传递给汽轮机工质水以产生过热蒸汽的换热装置。熔融盐蒸汽发生器一般为管壳式换热器。

高温熔融盐泵将存储于高温熔融盐罐内的熔融盐泵送至蒸汽发生器，与汽轮机回热系统来的给水经预热器、蒸发器和过热器逆流换热以产生过热蒸汽，对于有再热系统的汽轮机，还配置有再热器。熔融盐流程一般为过热器（并联再热器）、蒸发器和预热器。各换热器为管壳式，熔融盐在壳侧流动。对于部分自然循环的蒸汽发生器中的蒸发器设备，熔融盐也有在管侧流动的方案。经过各级换热器换热后的熔融盐存储在低温熔融盐储罐内。强制循环的蒸发器配置炉水强制循环泵，正常工作时将汽包内的饱和水泵送至蒸发段管束内以产生饱和蒸汽。饱和蒸汽返回至汽包内。位于汽包内的汽水分离器将液相水分离，分离后的干饱和蒸汽去过热器与熔融盐继续换热以产生过热蒸汽。蒸发器配有排污系统以确保水质。

蒸汽发生系统用于将光场收集的热量传递给高压给水，产生过热蒸汽驱动汽轮发电机组产生电能，其主要设备包括：过热器、再热器、蒸发器（含汽包）和预热器，统称蒸汽发生器（steam generator system，SGS）。蒸汽发生器是光热电站的重要设备之一，其配置方案影响整个蒸汽发生系统的设计、启动运行的可靠性以及投资成本。双列SGS系统存在熔融盐、水流量分配控制问题，两列过热器（再热器）出口蒸汽温度同步控制等问题，对整个SGS系统控制要求高，较单列复杂。双列蒸汽发生器的优势在于，单台设备制造运输简单，且任意一台设备故障，只需切除故障列SGS，机组可维持50％负荷运行，无需停机，但前提是需要设置完备的汽水侧及熔融盐侧隔离阀。单列SGS工艺系统简单、控制简单，但当任意一台设备（除再热器）故障，将需要停机检修。

由于全容量单列SGS熔融盐管道、给水管道和蒸汽管道均为单路，相对双列SGS系统简单，运行控制相对较方便。但如出现某台蒸汽发生器（除再热器）故障，单列SGS需全部切除，机组停机；如采用双列SGS，只需切除故障列SGS，机组维持50％负荷运行即可。

一般的，150MW电站的蒸汽发生器容量并不大，单列和双列而引起的换热器设备故障率不会因为设备容量增大而增大，如管板太厚等。单列和双列方案可靠性对年发电量的影响不存在明显差异。

由于蒸汽发生器各级换热器之间配置有一定数量的熔融盐阀门、汽水阀门，同时各个独立的设备上配置有安全阀和放气口的一次阀门、仪表阀门。当采用双列方案时，上述系统阀门的数量有明显增多，熔融盐阀门要求密封形式和运行条件较为苛刻。阀门的故障也会导致系统的停运。因此从减少系统阀门数量，优化及简化系统配置角度，采用单列更有优势。

从蒸汽发生器工艺系统的角度考虑，不仅要关注蒸汽发生器各设备运行的可靠性，也要重视阀门等附属工艺系统的可靠性。

双列方案运行过程中两列蒸汽出口温度偏差需要调整，若要实现双列过热器和再热器蒸汽参数精准控制，则对熔融盐侧调节阀要求较高。

（二）蒸汽发生器设备设计

蒸汽发生器是一组换热器，用于将高温熔融盐热量传递给水/蒸汽，产生高品质蒸汽。就换热器本身而言，是一种常见的、成熟的工业过程设备，但高温熔融盐的特殊物性及太阳能运行工况的特殊性赋予了蒸汽发生器新的特性。蒸汽发生器的合理设计、选材、选型和制造对整个光热电站有着非常重要的意义。目前，蒸汽发生器的主流设计结构均选用管壳式换热器，因为管壳式换热器具有结构简单，操作可靠，材料适应性广，能在高温、高压下使用等优势，但具体型式依据换热器的运行压力、温度、介质特性等有所不同。如过热器和再热器进出口蒸汽温差较大（约230℃），通常选用 U 管 U 壳式换热器（发卡式）；蒸发器中介质存在相变，从水动力角度讲，通常选用汽包式，从蒸发器设备结构来讲可采用 U 管直壳，也有采用 U 管 U 壳设计，蛇形管，立式或卧室均有。就目前国内市场上，U 管直壳汽包式较为普遍；预热器为熔融盐与水换热，通常选用 U 管直壳式换热器或 U 管 U 壳式。

（三）蒸汽发生器的布置

蒸汽发生器平台布置一般有两种布置形式，即同层布置和分层布置。同层布置，即蒸汽发生器中的每个换热器均布置在同一层。换热器设备管道、阀门和仪表较集中，减少管道及电伴热用量，同时也便于运行监视。

分层布置，可将预热器、蒸发器和过热器及再热器布置在不同的高度的平台，换热器间的管道柔性较好，对设备接口推力小，且有利于设备、管道排盐。SGS 的单列或双列方案对 SGS 平台的高度影响不大。单列方案布置空间紧凑，综合管道量少，相应的伴热、平台结构成本均有降低。

四、熔融盐系统伴热

储热单元电加热器包括熔融盐储罐内的浸没式电加热器和布置在几乎所有和熔融盐接触的管道及换热器盐侧的防凝电伴热，保证任何时候熔融盐温度大于等于一定的安全温度，伴热电缆一般由发热电缆、氧化镁粉层和外护套构成。冷热熔融盐储罐装有浸没式电加热器，保证在任何情况下，维持熔融盐温度高于一定的安全温度。

熔融盐设备、管道和阀门等附件的伴热防凝及预热均采用电伴热方式。

第三节　熔融盐储热系统相关计算

一、熔融盐需求量的计算

工程应用中常以储热时间为多少小时来描述塔式太阳能热发电的储热容量。如果需要设计的储热运行时间为 t 小时，机组的额定热耗为 Q_o(kJ/h)，则系统运行 t 小时需要的总热量为 $Q_{th,tes}=Q_o t$（kJ）。如果将液相比热和温度的关系在熔融盐工作温度范围内近似看作线性，那么单位质量熔融盐温升 ΔT 吸收的热量为 $q=C_p\Delta T$。

如果要存储 $Q_{th,tes}$ 的热量，需要的熔融盐有效质量为：

$$M = K \cdot m_{net} = K \cdot \frac{Q_o t}{C_p \Delta T} = K \cdot \frac{Q_{th,tes}}{C_p \Delta T} \tag{7-1}$$

式中　M——所需熔融盐质量，kg；

m_{net}——储热用熔融盐净质量，kg；

Q_o——机组的额定热耗率，kJ/h；

t——储热设计时间，h；

C_p——ΔT 温度范围内的平均定压比热容，J/(kg·K)

ΔT——熔融盐的工作温度范围，即热盐设计温度与冷盐设计温度差值，℃；

$Q_{th,tes}$——系统运行 t 小时需要的总热量，kJ；

K——考虑管道容积储罐底部死区等的裕量系数。

实际工程中，最终采购的熔融盐量宜基于统计的各个设备和管道的容积计算，K 值可取 1，在项目前期投资估算阶段 K 可取 1.03 左右，当储热容量较大，K 值在投资估算阶段宜取较小值。

二、熔融盐初熔耗能计算

熔融盐初始融化耗能主要依据熔化时熔融盐温度（近似环境温度）、熔融盐总量和熔融盐的基本物性参数计算。固态熔融盐的特性可参考如下数据，若条件允许，应以熔融盐供货方提供的数据为准：

密度：$NaNO_3$：2260kg/m³（环境温度）；KNO_3：2190kg/m³（环境温度）

比热容：$NaNO_3$：1820J/kg　KNO_3：1160J/kg 均指熔化点附近。

熔融盐的熔解热为 $h_{sl}=161$kJ/kg。

熔融盐的密度变化引起的体积变化率为 $\Delta V/V_{solid}=4.6\%$，即 $V_{liquid}=1.046V_{solid}$。

凝固过程中，熔融盐在 238℃ 开始有固相析出，221℃ 时完全结晶。在太阳能热发电领域，一般其使用温度变化范围是 260~600℃。

根据上述参数，依据能量守恒定律计算熔融盐熔化所需热量，再依据熔化设备的热效率可以计算天然气消耗量等指标。

第四节　储热容量的优化选取

设计太阳能热发电电厂，需要优化的因素很多，除去常规热力系统范围内的部分系统（或因素），主要有镜场布置的优化、镜场大小（采光面积）的优化、储热容量的优化、高低温熔融盐泵配置的优化等。其他条件不变，储热容量在一定范围内增大可以增大电厂年发电量或增强电站对电网调度的适应性，但同时又增大项目投资。同时其他条件不变时，增大镜场的采光面积也可增大电站的年发电量。镜场采光面积在一定储热容量下（其他条件不变）存在一个值，使得对应的度电成本最低，或使得项目的年均光电转化效率最大；储热容量在一定镜场面积下（其他条件不变）存在一个值，也使得对应的度电成本最低，或使得项目的年均光电转化效率最大。

对于整个电厂的优化计算应将镜场的采光面积与储热容量同时进行优化计算，最终确定相应的太阳倍数和储热时长。以德令哈地区的光资源为边界条件，对于 50MW 塔式熔融盐电站，以成本电价为优化目标，综合依据场地大小等因素，通过整体优化选择镜场容量，取太阳倍数（solar multiple）$SM=2.1$，储热时间对电价的影响曲线表示在图 7-2 中，由图 7-2 可见，当配置 7h 储热时，项目具有最低的成本电价。

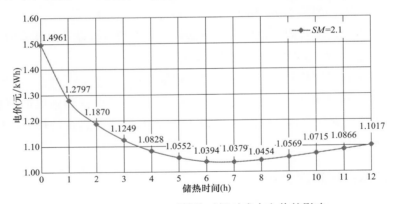

图 7-2　$SM=2.1$ 时储热时间对成本电价的影响

需要说明的是，实际中，应横向比较多个太阳倍数，即多个镜场容量下的配置，综合考虑用地条件等因素，计算多个太阳倍数下不同储热容量配置的成本电价，综合选取较优的配置。

具体项目应根据投资方对项目总投资的接受程度、电网对电站的调度要求、储热和镜场技术提供方的能力、投资方对电价指标或效率指标的权衡等因素来配置镜场与储热单元。此外需要特别说明，上述算例是基于一定的投资水平一定的运行调度模式，不同的设备价格、不同的调度模式优化的结论不同。

chapter 8

第八章

塔式太阳能光热工艺系统集成设计

塔式太阳能光热工艺系统集成设计是电站整体设计的关键技术。对其关键工艺系统进行参数匹配和性能优化，提出合理方案，也是实现地将光能转化为热能，再转化为电能，提高发电效率的必由路径。其设计的主要包括定日镜系统、吸热系统、传热系统、换热系统、储热系统以及汽轮发电机系统等各子系统的集成设计。本章介绍了塔式太阳能热发电电站的系统构成，重点介绍了吸热器的设计要点。从系统集成的角度，分析了蒸汽发生器蒸汽压力的选取对于上游集热系统温度的影响以及对储热系统投资的影响。发电单元系统设计的先进性对全厂技术经济指标至关重要，回热系统、冷端系统均应该优化选型，以提高技术经济性。

第一节　塔式太阳能光热电站系统集成

一、系统构成

太阳能热发电站主要由定日镜区及发电区构成，其中定日镜区主要包含定日镜及一般布置在发电区区域内吸热塔顶部的吸热器；发电区包括储罐、蒸汽发生器、厂区管架、汽机房、水工设施、升压站、站内道路、其他防护功能设施等部分。

二、镜场设计

镜场设计应考虑的问题包含如下关键问题：①机械碰撞问题；②光学损失，包括余弦损失、阴影和遮挡损失、衰减损失、溢出损失等；③投资成本问题；④聚光集热系统运行性能。

一般每个定日镜都是绕着一个固定转轴和与之垂直的转轴旋转，以随时跟踪位置变化的太阳。在定日镜场的设计过程中，要充分考虑不同跟踪方式下的定日镜自由旋转所需的空间大小，以避免相邻定日镜之间发生碰撞。

为将太阳光反射到固定目标上，定日镜镜面通常不与入射光线垂直，入射光线与定日镜反射面法线呈一定的角度斜射到镜面上。余弦损失就是由于斜射所导致的定日镜表面有效接收面积减少而产生的，其大小与定日镜表面法线和入射光线之间的夹角的余弦成正比。

阴影损失发生在定日镜的反射面处于相邻一个或多个定日镜的阴影下，而不能接受到太阳辐射能的情况。当太阳入射光线与水平面夹角越小，此损失越严重。其中，吸热塔和其他物体的也可能对定日镜场造成一定的阴影损失。

遮挡损失的发生是定日镜的反射光线由相邻的一面或多面定日镜背面阻挡而无法被吸热器接收所造成的损失。阴影和遮挡损失的大小与太阳能接收的时间、定日镜自身所处的位置、定日镜自身的大小等有关。主要是通过相邻定日镜沿太阳投射光线方向，或沿向塔上吸热器反射光线方向上，在所计算定日镜上的投影进行计算。通常需要考虑与之相邻的多个定日镜对所计算定日镜造成的阴影和遮挡损失。

在镜场的优化设计过程中优化目标为多目标优化，需要优化的主要参数有：吸热塔高、镜场占地面积、定日镜数目、定日镜排列方式、镜场光学效率等。但镜场的最终确定取决于以定日镜价格、年额定功率发电时间、储热系统配置等经济指标来评估的镜场经济效益。

三、吸热器设计

太阳能塔式电站熔融盐吸热系统最早应用于美国的 MSEE（Molten Salt Electric Experiment）试验电站（750kW 汽轮机，5MW 吸热器，1983 年建成），之后的 1995 年，位于美国的 Solar Two 试验电站熔融盐吸热器容量为 43MW，汽轮机容量 10MW。

以熔融盐为吸热器工作介质的优点主要有系统无压运行，安全性提高；传热工质在整个吸热、传热循环中无相变；且熔融盐热容大，吸热器可承受较高的热流密度，从而使吸热器可做得更紧凑，减少制造成本，降低热损；由于熔融盐本身是很好的储热材料，因而整个太阳能热力系统的传热、储热可共用同一工质，使系统极大地简化。但熔融盐在高温时有分解和腐蚀问题，较低温度又有凝固的问题，故需要采取一定的措施加以抑制。

一般的塔式电站熔融盐吸热器为一外圆柱面形管壁式吸热器。沿吸热器受热面圆周方向共布置若干吸热面板，每块面板由若干根吸热管组成；吸热管外表面涂有涂层增加吸收率从而提高吸热器热效率。

在实际运行中，熔融盐吸热器需经受以下多个恶劣工况：吸热器需经受峰值为 $1200kW/m^2$ 甚至更高的辐射热流密度，这将在其吸热管内形成很高的温度梯度，造成吸热管的膨胀甚至塑性变形（取决于热流密度大小和吸热管材料的性能）；由于云的突然遮挡及系统每天的启动等，将使吸热管在 30 年的预期寿命期内约经受 36000 次速度达 3℃/s 的温度变化；在夜间因冷凝而引起的氯化物腐蚀开裂等潜在风险。因此，吸热管必须选择优质不锈钢或更好的材料。由于热流密度的提高，使吸热器可做得相对更小，减少对流及辐射损失，可提高热效率约 3%。目前商业项目上吸热器受热面吸热管多采用镍基合金，如 N06230 或 N06625。

一般的熔融盐流体进入吸热器时的温度为 290℃，出口温度为 565℃。在实际运行中，由于云的遮挡，投射到吸热器的热流密度会急剧下降，为确保吸热器出口熔融盐温度恒定在 565℃，可采用改变熔融盐流量的办法来控制熔融盐出口温度。安装于熔融盐管路上的流量控制阀根据投射到吸热器表面的热流密度、吸热管平均温度、吸热器出口温度等信号，按照设定的控制逻辑改变流量阀开度，实现对吸热器出口温度的控制。与流量控制阀相对应，熔融盐系统的循环动力由调速泵实现。

由于熔融盐的熔点较高，要在太阳落山后使吸热器及管路保持高温以避免熔融盐凝固需消耗大量能量。一般在太阳落山后将吸热器内熔融盐回收至熔融盐罐。相应的，放空并冷却下来的吸热器与管路在次日开机之前必须进行预热。防凝及预热一般采用电伴热。

对于吸热器受热面启动前，一般依靠定日镜系统来预热，即在系统冷启动前将部分定日镜对准吸热器，待其温度升至一定温度后开始充入熔融盐。

四、储热系统及蒸汽发生器

蒸汽发生器的容量或蒸发量与汽轮机对应。蒸汽发生器一般采用管壳式换热器，包含过热器、蒸发器、预热器、汽包、再热器。对于采用强制循环水动力设计的，还包括强制循环泵。由于熔融盐的高熔点特性，机组冷态启动阶段需要先将与熔融盐接触的换热面预热至一定温度，避免熔融盐流经换热管束过程中冻堵。因此熔融盐蒸汽发生器系统常配置启动电加热器，以加热给水，利用给水加热相关受热面，同时熔融盐换热器流经壳侧的设备上，壳侧外表面配置电伴热，用于启动预热和停机防凝。

蒸汽发生器产生的蒸汽温度决定于吸热器产生的熔融盐温度，吸热器出口熔融盐出口处是全厂熔融盐系统最高温度位置。蒸汽发生器的设计温度一般考虑过热器蒸汽出口对应的换热端差，并考虑吸热器经储罐至换热器入口的温度损失。

蒸汽发生器蒸汽侧压力与汽轮机设计、蒸汽发生器换热后熔融盐温度有关。在既定的汽轮机入口温度允许条件下，蒸汽压力越高，汽轮机效率越高。然而由于过热蒸汽压力越高，蒸发器压力越高，流经蒸发器的熔融盐温度也越高，从而蒸汽发生器预热器熔融盐出口温度越高。即主蒸汽压力越高，图 8-1 所示汽水侧曲线会有平移向上的趋势，由于在蒸汽发生器内热量必须从高温侧熔融盐传递给低温侧汽水，从而熔融盐

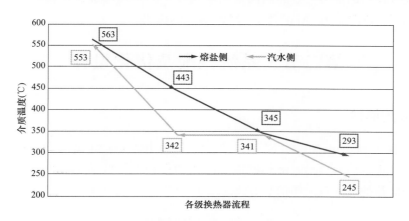

图 8-1　熔融盐蒸汽发生器换热流程示意图

侧曲线也有上移的趋势，而给定的主蒸汽压力和给定的给水温度的前提下，熔融盐在预热器出口温度不会进一步降低，进一步降低熔融盐出口温度需要进一步降低给水温度，但是会牺牲汽轮机的热效率。

对于吸热器出口熔融盐温度既定的情况下，蒸汽发生器熔融盐出口温度越高，储热系统冷热储罐或吸热器进出口熔融盐的工作温度区间越小，这意味着存储既定热量需要的熔融盐量越大，同时由于熔融盐在吸热器内的温升区间变小，给定的吸热器热功率前提下熔融盐流量会增大，从而引起吸热器熔融盐循环泵耗电量增大。

因此蒸汽发生器系统参数选择是需要综合考虑以上因素，兼顾吸热器性能、汽轮机主蒸汽参数选择及储热系统投资等因素。

五、太阳能热发电汽轮机

由于塔式太阳能热发电电站的聚光集热系统吸热介质为水或熔融盐，故相对导热油槽式电站能将吸热介质加热至更高的温度。根据吸热器出口熔融盐温度结合机组容量，汽轮机入口蒸汽温度一般取为550℃左右。汽轮机入口蒸汽压力，需根据单机容量及集热系统所能提供的蒸汽温度通过计算确定，同时考虑上述蒸汽发生器回盐温度的影响。

单机容量的选择应综合分析镜场效率、汽轮发电机组的效率、太阳岛与常规岛的投资后确定。如多镜场配置一套汽轮发电机组，还需考虑沿程管路损失（温降与压降）对热电效率的影响。

由于太阳能热发电的电力成本较高，而且发电单元的投资占比相对聚光集热系统和储热系统较少，因此汽轮发电机组宜采用高效的设备和有利于提高热电转换效率的系统。如目前熔融盐塔式电站多采用再热式汽轮机，配置六级到八级回热抽汽系统，回热系统加热器换热端差较小，相对于燃煤机组，空冷系统的冷却面积较大，以降低汽轮机年运行背压。这些设计特点均是为了提高热经济性。

考虑到太阳能塔式光热发电的特点，汽轮发电机组应具有快速响应进汽参数变化及低负荷连续运行的能力。目前国内采用塔式技术的工程（含在建设阶段和前期研究阶段）采用了50MW、100MW及150MW容量的机组。

第二节　系统匹配及优化设计

一、太阳倍数

太阳倍数（solar multiple，SM，太阳因子，热电因子）定义为设计点电站所有聚光集热设备（定日镜）投运时吸热器输出的热功率和汽轮机额定负荷需要的热功率的比值。不带储热的设计点太阳倍数 SM 为 1.1～1.5。

$$SM_{\text{design point}} = \frac{\dot{Q}_{\text{th, solar field}}}{\dot{Q}_{\text{th, power block}}} \tag{8-1}$$

太阳倍数 SM 的选取应根据塔式热发电电站是否配置储热、电站投资水平要求等因素优化选取，理论上可以以"成本电价最低"作为优化目标，选择合适的太阳倍数。应结合全年 DNI 逐时数值，考虑产出效益、投资成本，包括土地成本等诸多因素优化求取。

早期美国能源部 DOE 和美国电科院 EPRI 的研究表明，度电成本通过增大太阳倍数可显著降低。显然对于有储热的电站，太阳倍数增大可增大电站年发电量，如上述研究对于配置 15h 储热的电站，年容量因子（capacity factor）达 70%（大致相当于供电利用小时数 6800h），另有研究指出，对于美国加州莫哈维沙漠，塔式熔融盐电站太阳倍数到 2.7，则可实现 65% 的容量因子（大致相当于供电利用小时数 6300h）。

容量因子的概念与利用小时数类似，用于表征电站全年总发电量的指标，其定义为：

$$容量因子 = \frac{年供电量}{电站铭牌出力 \times 8760h} \tag{8-2}$$

上述指标计算公式的分子为年供电量，即扣除厂用电等自身消耗部分。当太阳倍数取 1 时，镜场采光面积为

$$A_{\mathrm{hf,d}} = \frac{1000Q_{\mathrm{o}}}{\eta_{\mathrm{hf}} \eta_{\mathrm{rec}} Q_{\mathrm{DNI}}} \tag{8-3}$$

以此确定的定日镜面积再考虑不同的太阳倍数，其他配置不变（主要是指储热容量），计算年电力产出，可通过以"不同太阳倍数对应的度电成本最低"为目标，来选择最终的太阳倍数。变化储热容量，重复上述变更太阳倍数的优化步骤，即可得出不同储热时间下对应不同太阳倍数的度电成本，寻找最低的度电成本对应的配置，即可认为是最佳配置。

由以上分析可知，太阳倍数是表征聚光集热系统出力与发电单元出力的无量纲因子。然而对于给定出力的塔式电站吸热器，可以配置不同容量的定日镜系统，如对于既定厂址条件，额定热功率为 300MW 的吸热器，可以配置 60 万 m² 反射面积的定日镜镜场，也可配置 70 万 m² 反射面积的定日镜镜场。对于确定额定热功率的吸热器，由于吸热器在运行阶段的出力受太阳辐射的变化而变化，当配置的镜场面积较小时，吸热器在低负荷阶段工作的时间段较长，而高的镜场辐射热量引起的超过吸热器额定功率情况下的镜场散焦情况较少出现，定日镜的利用率相对较高。反之，当镜场面积较大时，吸热器在低负荷阶段工作的时间段较上一种情况较少，而高的镜场辐射热量引起的超过吸热器额定功率情况下的镜场散焦情况较多出现，定日镜的利用率相对较低。因此也会衍生出吸热器额定热功率与镜场潜在最大热功率匹配的问题，这一匹配需结合聚光集热器运行模式，基于典型太阳年辐射资源数据，寻求镜场定日镜利用率的最大化和成本最优化。

二、全厂优化案例

（一）概述

设计太阳能热发电电厂，需要优化的因素很多，除去常规热力系统范围内的部分

系统（或因素），主要有镜场布置的优化、镜场大小（采光面积）的优化、储热容量的优化、高低温熔融盐泵配置的优化等。其他条件不变，储热容量在一定范围内增大可以增大电厂年发电量或增强电站对电网调度的适应性，但同时又增大项目投资。同时其他条件不变时，增大镜场的采光面积也可增大电站的年发电量。镜场采光面积在一定储热容量下（其他条件不变）存在一个值，使得对应的度电成本最低，或使得项目的年均光电转化效率最大；储热容量在一定镜场面积下（其他条件不变）存在一个值，也使得对应的度电成本最低，或使得项目的年均光电转化效率最大。

本案例以青海德令哈地区为背景，采用全年光资源数据做定量技术评价。

太阳倍数是优化电站设计中的一个重要因子，表征了在设计点下镜场可输出能量与发电单元达到额定出力需要能量的关系。为确保发电单元在全年较经济地运行，太阳倍数一般都大于 1，典型带小容量储热的电站太阳倍数在 1.3～1.4 之间；当配置足够的储热容量时，太阳倍数可取更大的值。

（二）光资源分析与设计点选取

以典型太阳年辐射资源数据为边界条件，分析可知，按加权平均值求取法向直射辐照度 DNI 平均值，具体如下：法向直射辐照度 DNI 大于 $50W/m^2$ 的数据均值为 $543W/m^2$，法向直射辐照度 DNI 大于 $100W/m^2$ 的数据均值为 $582W/m^2$，法向直射辐照度 DNI 大于 $150W/m^2$ 的数据均值为 $614W/m^2$，法向直射辐照度 DNI 大于 $200W/m^2$ 的数据均值为 $641W/m^2$，法向直射辐照度 DNI 大于 $250W/m^2$ 的数据均值为 $647W/m^2$。各月每天法向直射辐照度 DNI（W/m^2）的均值随时刻的分布曲线如图 8-2 所示，各月累积法向直射辐照量 DNR（kWh/m^2）的分布如图 8-3 所示。

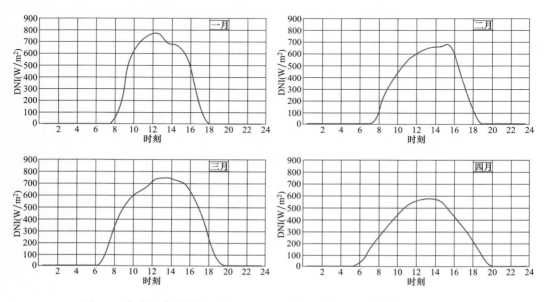

图 8-2　各月法向直射辐照度 DNI（W/m^2）均值随时刻的分布曲线（一）

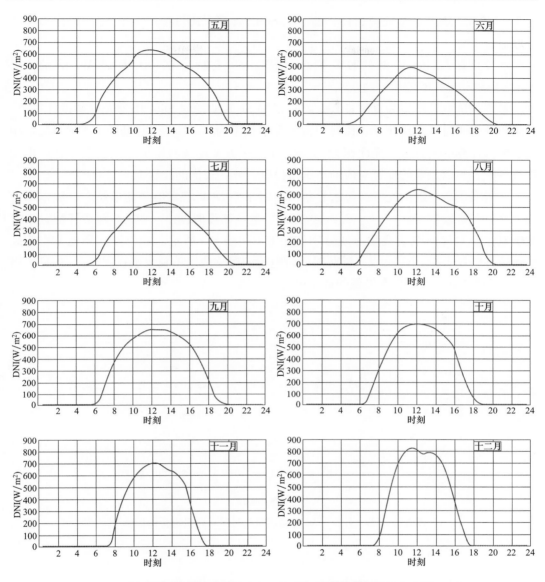

图 8-2　各月法向直射辐照度 DNI（W/m²）均值随时刻的分布曲线（二）

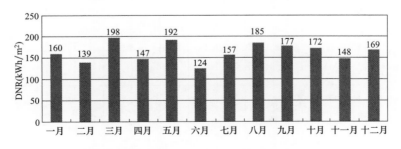

图 8-3　各月法向直辐射量 DNR（kWh/m²）的分布

文献指出，春分日真太阳时正午 12 时的 DNI 与全年有效 DNI 的均值接近，差异

在 $1 \sim 1.5\%$，因此诸多模拟软件，如 DELSOL3，都采用这一时刻的 DNI 值作为设计点取值。

春分日真太阳时 12 时的 DNI 为 641.5W/m^2，与瞬时 DNI 大于 150W/m^2 的数据均值 614W/m^2 相差较小，约 5%。

本案例选取设计点为夏至日真太阳时正午 12 时的瞬时 DNI 作为光资源设计取值。太阳倍数为 1 时，经优化计算该时刻镜场光学效率为 0.721，吸热器效率为 0.862，相应的软件计算的定日镜采光面积为 218225m^2。多方案比选时增加太阳倍数，计算不同集热场配置与储热系统配置对应的产出与投资，寻找较优的配置。

针对案例所在地的光资源等边界条件，对于 50MW 塔式熔融盐电站，以成本电价为优化目标，模拟 $SM=1.8 \sim 2.2$，0.1 为增量，储热时间 $0 \sim 12\text{h}$ 不同系统配置年有效供电量、对应的电价变化曲线分别如图 8-4 和图 8-5 所示。综合依据场地大小等因素，选择镜场容量 $SM=2.1$，储热时间对电价的影响曲线单独表示在图 8-6，可见，当配置 7h 储热时，项目具有最低的成本电价。

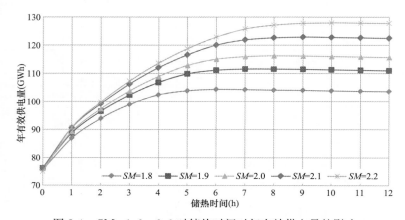

图 8-4　$SM=1.8 \sim 2.2$ 时储热时间对年有效供电量的影响

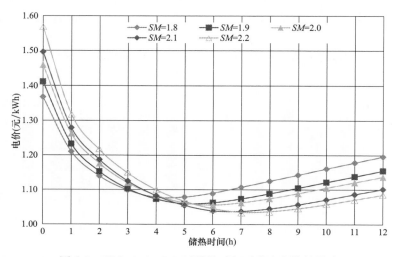

图 8-5　$SM=1.8 \sim 2.2$ 时储热时间对成本电价的影响

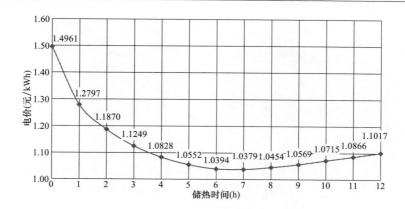

图 8-6　$SM=2.1$ 时储热时间对成本电价的影响

　　综合上述分析，最终确定配置镜场容量按太阳倍数 $SM=2.1$；储热时间 7h。具体项目应根据投资方对项目总投资的接受程度、电网对电站的调度要求、储热和镜场技术提供方的能力、投资方对电价指标或效率指标的权衡等因素来配置镜场与储热单元。

第九章
塔式太阳能光热发电站控制系统设计

塔式太阳能光热发电站控制系统是整个塔式光热电站安全高效运行的大脑，在国内外目前已经成功投运的塔式光热电站中，几乎所有的定日镜本体控制及镜场控制技术均由镜场总包方作为核心保密技术成套提供。本章根据以往工作中取得的成果对此部分内容进行了整理，对塔式太阳能光热发电站控制系统的主要技术方案进行了描述，具体包括定日镜本体控制、定日镜场控制、电厂全厂控制等。

第一节 定日镜控制

一、太阳位置天文计算方法

太阳位置天文计算方法可根据美国可再生能源实验室 NREL 公开的太阳天文算法 "Solar Position Algorithm for Solar Radiation Applications" 进行太阳位置的计算，太阳位置高度角、方位角计算精度不超过±0.0003°。

二、定日镜反射角度计算方法

光热塔式聚热发电技术，是通过大量定日镜跟踪太阳，将太阳光线反射至聚光塔聚光加热吸热器进行发电。根据太阳、定日镜、吸热器的空间关系，定日镜通过计算太阳的变化改变自身角度实现反射光线准确对焦，入射光线通过定日镜镜面反射，求得入射光线与反射光线的法线即可计算定日镜的水平角和俯仰角。

参见图 9-1，选取任意一个定日镜作为研究对象，并将太阳光热发电系统中定日镜角度的计算及控制简化为单一定日镜将太阳光反射到聚光靶位中心，并计算测量太阳位置、定日镜位置、聚光靶位位置。其中定日镜位置和聚光靶位位置可通过高精度经纬仪进行测量（经度、纬度、海拔），并以定日镜中心位置作为原点，正东为 X 正向、正南为 Y 正向、正上为在正向建立空间三维坐标系，其中记定日镜中心为坐标原点 O $(0，0，0)$，靶位中心位置 B 坐标为 $(X_B，Y_B，Z_B)$。太阳位置相对于定日镜，由定日镜经、纬度和海拔可由 SPA（太阳位置计算方法）计算出相对于定日镜的太阳高度角 SUN_H、方位角 SUN_A。

参见图 9-2，在以定日镜中心为原点建立空间三维坐标系之后，以定日镜中心到靶位中心位置的距离 OB 为半径 R 建立辅助球面，其中：

$$R = \sqrt{X_B^2 + Y_B^2 + Z_B^2} \tag{9-1}$$

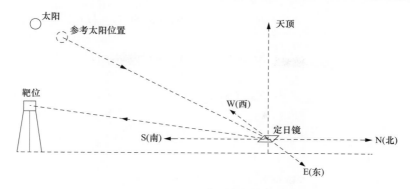

图 9-1　定日镜反射示意图

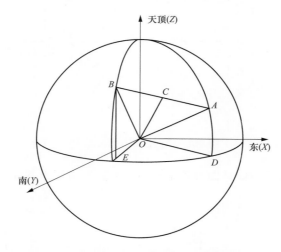

图 9-2　空间球体参考坐标系几何关系示意图

以太阳位置发出光线与辅助球面的交点作为参考太阳位置，相对于定日镜入射光线是等效的。记参考太阳位置为 A，A 点坐标为 (X_A, Y_A, Z_A)，其中：

$$X_A = R\cos(\text{SUN\_A})\cos(\text{SUN\_H})$$
$$Y_A = R\sin(\text{SUN\_A})\cos(\text{SUN\_H}) \qquad (9\text{-}2)$$
$$Z_A = R\sin(\text{SUN\_H})$$

记聚光靶位中心位置 B 点到参考太阳位置 A 点间中点为 C 点，可知 $\overrightarrow{OC}$ 为 $\overrightarrow{OA}$ 和 $\overrightarrow{OB}$ 的角平分线，根据光学反射原理，$\overrightarrow{OC}$ 为定日镜镜面法线。

参见图 9-3，对于任意时刻 t，有 C 点坐标为 (X_i, Y_i, Z_i)：

$$X_i = \frac{X_B + X_A}{2}$$
$$Y_i = \frac{Y_B + Y_A}{2} \qquad (9\text{-}3)$$
$$Z_i = \frac{Z_B + Z_A}{2}$$

代入式（9-2）得：

$$X_i = \frac{X_B + R\cos(\text{SUN}\_A)\cos(\text{SUN}\_H)}{2}$$

$$Y_i = \frac{Y_B + R\sin(\text{SUN}\_A)\cos(\text{SUN}\_H)}{2} \tag{9-4}$$

$$Z_i = \frac{Z_B + R\sin(\text{SUN}\_H)}{2}$$

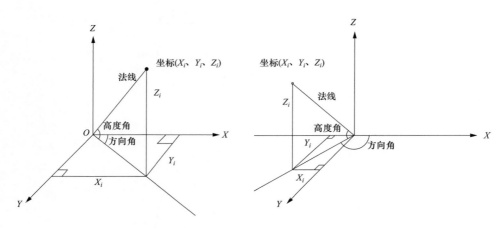

图 9-3　镜面法线坐标示意图

其中法线 $\overrightarrow{OC}$ 相对于空间球面参考坐标系中的高度角记为 Normal_H、方位角记为 Normal_A。

则有：

$$\sin(\text{Normal}\_A) = \frac{Y_i}{|\overrightarrow{OC}|\cos(\text{Normal}\_H)} = \frac{Y_i}{\cos(\text{Normal}\_H)\sqrt{X_i^2 + Y_i^2 + Z_i^2}}$$

$$\sin(\text{Normal}\_H) = \frac{Z_i}{|\overrightarrow{OC}|} = \frac{Z_i}{\sqrt{X_i^2 + Y_i^2 + Z_i^2}} \tag{9-5}$$

可求得：

$$\text{Normal}\_A = \arcsin\left(\frac{Y_i}{\cos(\text{Normal}\_H)\sqrt{X_i^2 + Y_i^2 + Z_i^2}}\right) \qquad (X_i > 0)$$

$$\text{Normal}\_A = 180° - \arcsin\left(\frac{Y_i}{\cos(\text{Normal}\_H)\sqrt{X_i^2 + Y_i^2 + Z_i^2}}\right) \quad (X_i < 0)$$

$$\text{Normal}\_H = \arcsin\left(\frac{Z_i}{\sqrt{X_i^2 + Y_i^2 + Z_i^2}}\right) \tag{9-6}$$

将式（9-1）代入式（9-4），式（9-4）代入式（9-6）可求得定日镜镜面法线向量高度角 Normal_H、方位角 Normal_A。

记镜面方位角为 Heliostat_A、高度角为 Heliostat_H，根据定日镜镜面与法线的垂直关系，可得以下定日镜反射角度计算公式：

$$\text{Heliostat}\_A = \text{Normal}\_A - 90°$$

$$\text{Heliostat} \_ H = \text{Normal} \_ H - 90° \tag{9-7}$$

三、定日镜场控制系统

定日镜场的控制系统包括上位控制计算机、上位控制器、定日镜就地控制单元以及用于校正跟踪误差的光斑特征系统。

上位计算机主要功能是监控定日镜的运行，操作人员通过上位计算机可以调度全部定日镜，可以通过手动或自动的方式，使定日镜分别处于不同的工作状态。达到控制吸热器表面的温度的目的。

上位控制器是上位控制计算机与定日镜就地控制单元之间通信的纽带，接收上位计算机的控制指令，运行对应的控制策略，使定日镜按照预先设定的跟踪目标点执行控制指令。

定日镜就地控制单元用于控制定日镜的动作，其核心控制部件是小型 PLC（Programmable Logic Controller），PLC 通过伺服电机驱动器控制伺服电机旋转，达到移动定日镜光斑的目的。操作人员可以通过就地控制单元上的按钮，直接操作定日镜，也可以使其处于远程控制模式，按照上位控制器提供的目标位置或动作模式，驱动定日镜旋转到指定的目标位置。就地控制单元的箱体上包括以下按钮：远程/就地选择开关、水平顺时针（定日镜水平方向顺时针旋转点动开关）、水平逆时针、俯仰顺时针、水平逆时针、故障复位钮。操作人员选择就地控制时，可以通过点动开关旋转定日镜，此时该定日镜不再接收上位系统的指令。

图像采集处理系统由位于吸热器下方的朗勃靶、CCD（Charge Coupled Device）照相机、图像采集卡以及图像采集处理软件构成，其功能为采集定日镜投射到朗勃靶的图像并计算出光斑中心的偏差。定日镜场控制系统根据偏差信息决定该定日镜需要的校偏量。

上位控制器可以接收气象站提供的信号，包括：风速、风向、环境温度、太阳的直射辐射、总辐射。定日镜场控制系统通过风速参数决定是否进入大风保护模式，根据太阳的直射辐射值确定是否可以满足电厂运行的需要。

定日镜场控制系统接收全场控制系统的指令，控制定日镜移动到指定的位置。指定的位置状态包括：紧急避险状态、初始位置状态、竖直清洗状态、自动跟踪状态、待命点状态、自动校准状态。

第二节　塔式太阳能光热发电站全厂控制系统

一、塔式太阳能光热发电站全厂控制系统结构

塔式太阳能光热发电站一般可采用定日镜场、吸热器、储能系统、汽机、发电机、辅助系统集中控制方式，全厂设一个集中控制室，采用一套以微处理器为基础的 DCS

(Distributed Control System) 完成一台汽轮发电机组、发变组及厂用电、辅机冷却水泵房、循环水、化学补给水、凝结水精处理、汽水取样、化学加药等的监控，电子设备间布置在靠近汽机房的位置。

当塔式太阳能热发电站配置多个镜场及多台机组时，每台机组、镜场及辅助系统作为一个发电单元单独配置一套 DCS 及相应的电子设备间。集中控制室可设置在全厂统一的生产办公区附近，以便于人员运行组织。从全厂范围看，DCS 的电子设备间随各机组呈分散布置状态，各台机组 DCS 的上位机均布置在集中控制室，与电子机柜间采用光纤连接，一般有 2~4km。不单独设网络控制室，网络控制操作员站布置在集中控制室。全厂控制系统结构图如图 9-4 所示，厂级信息管理系统、定日镜场控制系统、分散控制系统（DCS）组成的自动化网络，实现控制功能分散，信息集中管理的设计原则。全厂自动化系统结构分为厂级管理监控信息层、生产级监控层、控制层、现场层。全厂控制系统联网，纵向各层之间通过网络连接，实现数据传递；横向各控制系统通过网络连接，实现数据交换和集中监控方式，消除了自动化"孤岛"现象，成为一个完整的控制体系，实现全厂信息共享，最大限度的利用各级资源，实现电厂的优化管理。

定日镜场的控制由定日镜场控制系统（heliostat field control system，HFCS）来实现，定日镜场控制系统操作员站也布置在集中控制室内，DCS 和 HFCS 通过硬接线或者通信的方式交换数据。塔式太阳能热发电厂运行组织为主控室设置数名运行人员，在就地人员的巡回检查和配合下，在集中控制室以操作员站的 LCD（Liquid Crystal Display）及大尺寸等离子显示器为监控中心，完成整个系统的启动、停止，正常运行的监视控制和异常工况处理。

DCS 和 HFCS 之间的数据主要通过通信协议传输，但下列重要信号一般通过硬接线传输：

DCS 发送至 HFCS 信号：①定日镜紧急退出指令（一般由吸热器紧急保护逻辑动作或操作员手动按钮）；②定日镜场允许启动指令；③定日镜投入方式指令（吸热器冷态启动和热态启动）；④吸热器的表面温度

HFCS 发送至 DCS 信号：①定日镜场控制系统故障（控制器故障、电源故障等）；②定日镜投入准备好（Standby）；③定日镜已全部投入（表示当前最大热负荷已达到）；④定日镜场事故跳闸（定日镜场紧急退出完成）。

二、国内某电厂全厂控制系统

国内某电厂容量为 1MW（全厂一台机），吸热器采用腔式吸热器，储热系统为油储热＋饱和蒸汽储热方案，其控制系统由全厂 DCS 控制系统＋定日镜场控制系统组成，控制系统结构图如图 9-5 所示。全厂设一个集中控制室。运行人员在集中控制室内通过 LCD 操作员站及大屏幕液晶显示器实现机组启/停运行的控制、正常运行的监视和调整以及机组运行异常与事故工况的处理。

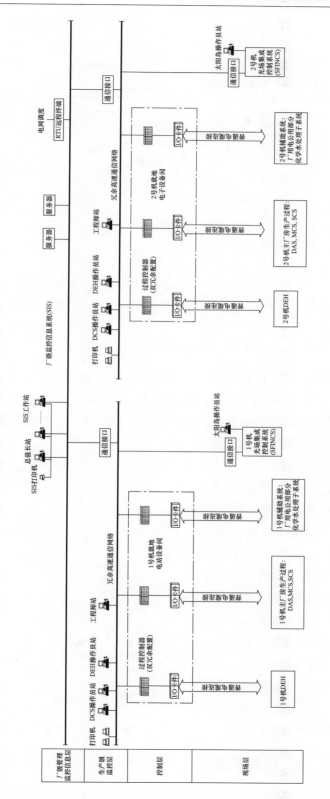

图9-4　塔式太阳能光热发电站全厂控制系统结构

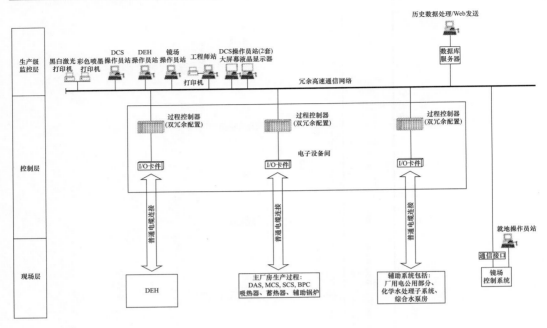

图 9-5　全厂控制系统结构

电站采用了 100 面大型定日镜，其定日镜场控制系统由就地控制单元（包括伺服驱动器、就地 PLC、就地控制箱、电源、操作按钮、接近开关等）、上位 PLC、上位组态软件以及光斑图像采集处理系统组成。由于该电厂规模较小，并没有设置厂级监控

信息系统，控制结构最高只做到生产级监控层。该工程定日镜场控制系统特殊的地方在于就地控制单元与上位 PLC 控制器之间采用无线通信模式，如图 9-6 所示。该无线通信是应用于网络层通信（TCP/IP），取代网线连接，通信频率选用国家公开频段 2.4G 网络。当通信信号中断时，就地控制单元可以自动进入保护状态，将定日镜旋转至初始位置。从实际运行情况来看，无线通信的效果并不好，经常会受到天气，太阳运动，电气辐射干扰，控制室无法对定日镜进行控制的情况频繁发生，业主方已经在 2013 年底机组大修时将无线通信改为传统网线的连接方式。

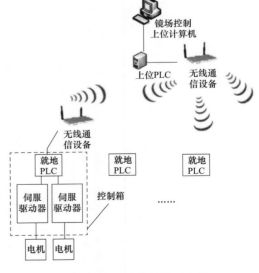

图 9-6　无线通信结构示意图

三、国外某电厂全厂控制系统

国外某塔式太阳能热发电厂，装机规模为 3 台 135MW 机组。该厂的控制系统采用

了全厂 DCS 控制系统＋定日镜场控制系统（HFCS）的方案，并且在这两个系统之上又配置了一套专家系统，该专家系统可根据小型气象站提供的当前气象条件预测发电量，并根据电网调度方案优化机组负荷目标，计算出最合理的设定值，并将设定值作为机组运行人员的参考。专家系统的预测方式可分为以下三种：

（1）长期预测：长期预测需要能够预测未来 6h 到一周的辐射情况，这个预测方式是基于数值的天气预测模型，这个预测模型接收当前全球天气条件作为输入，根据现场 DNI 测量测量值，当地的地形和先进的学习算法来得出结论。

（2）中期预测：中期预测需要能够提前预测到未来半小时到 6h 的辐射情况，这个预测方式是基于红外和虚拟图像分析，并且从同步卫星检索数据，结合卫星图像分析与现场 DNI 测量值得出结论。

（3）短期预测：短期预测需要能够提前预测未来 0～40min 的辐射情况，这个预测方式是主要是通过地面传感器（如云层相机，辐射测量仪）进行实时测量得出结论，短期预测能够自动给电厂控制系统提供预测数据，使控制系统做出正确的响应。

定日镜场控制系统（HFCS）和专家系统与 DCS 之间的数据交换是通过 MODBUS 通信协议进行的。与国内机组不同的地方是，该电厂的系统配置是以定日镜场控制系统（HFCS）的数据服务器为主服务器（master server）的，DCS 的绝大部分数据需要通信到主服务器上。这种配置方式因为缺乏灵活性其实并不合理，根据相关资料显示，在后续的项目设计中已经改变了这种策略，将定日镜场控制系统（HFCS）的数据服务器作为从属服务器（slave server），并且每个系统都能独立运行。

第三节　塔式太阳能热发电特有控制技术

一、太阳光斑测量跟踪系统及吸热器表面温度测量

（一）光斑测量及吸热器表面温度测量设备

定日镜通常以程序控制的开环控制方式实现跟踪，每台定日镜的跟踪轨迹是事先设置在就地控制器的控制逻辑中。但是，由于定日镜的制造及装配误差加上定日镜运行过程中的机械磨损，定日镜就地控制器原先设定的控制逻辑参数已不能使定日镜准确地将反射光斑投射在吸热器上，因此需要在间隔一段时间后对定日镜进行校正调整，太阳光斑测量跟踪系统即可实现该功能。太阳光斑测量跟踪系统主要由 CCD 摄像机和上位分析机及图像处理软件组成。

光斑的采集与能量密度采集设备如图 9-7 所示，光斑采集与能流分析设备安装在一个活动的小房子中，通过网络将采集的数据送到上位控制系统。图 9-7 左侧的设备是红外摄像机，用来采集光斑的温度分布图像，图 9-7 右侧的设备是 CCD 相机，用来采集光斑在目标靶的位置，获得光斑图像的像素值分布，间接测试光斑的能流密度分布。图 9-8 和图 9-9 分别为实测的温度分布和光斑的 CCD 采集图像。

图 9-7　CCD 光斑采集系统及红外光斑采集系统

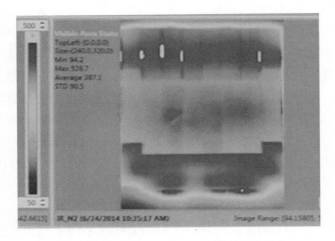

图 9-8　红外摄像机实测的吸热塔等温度分布

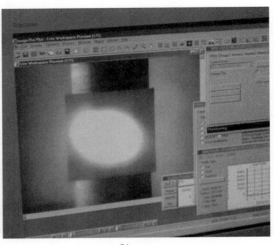

(a)　　　　　　　　　　　　　　(b)

图 9-9　CCD 相机实测的光斑

（a）光屏；（b）实拍光斑像素

对于吸热器采光口处的辐射能流分布测试，由于聚光比较高使得采用固定的白板会被烧毁，因此，利用上述的测试原理，采用移动光靶对光斑情况进行测试，具体为：吸热器开口下方安装一台电机，通过电机控制一个条状白板快速扫过吸热器，同时，CCD 相机连续拍照，然后将照片进行处理，得到一张完整的光斑图，通过安装在吸热器上的温度传感器可以知道图片上不同亮度对应的温度。这样就可以得到吸热器的能流分布图。

（二）光斑跟踪控制算法

图像采集设备采集光斑图像，通过图像处理软件分析光斑质量与靶面中心的偏差，将这一偏差反馈到镜场控制软件中，从而校正定日镜的跟踪偏差。该系统由图像采集设备及图形图像处理软件构成，定日镜误差校正示意图如图 9-10 所示，具体跟踪控制算法如下：

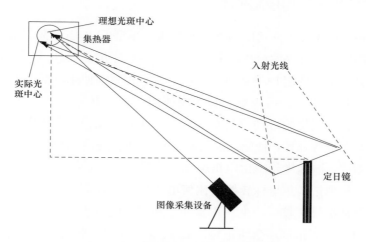

图 9-10　定日镜误差校正系统示意图

（1）分析图像，将白板上做图像标志点，一般将白板的四个角画四个角点。首先，在图像上找到标志点，两个角点间的距离一定，继而确定图像坐标。其次，在指定区域内即四个角点围成的区域，分析光斑，找到光斑的质量中心。再次，记录图像以及定日镜号、采集时间、光斑质量（该图像是否可用）、X 方向偏差及 Y 方向偏差。

（2）定日镜场控制系统首先选定一台定日镜进行误差校正处理。选定参与校正的定日镜的方法是：建立全厂定日镜的信息表，每条记录包括：定日镜号，与塔的坐标关系，上一次校正时间；从上次校正时间到目前间隔大于一个月的定日镜中选 10 台定日镜，建立当天参与误差校正的定日镜表，每条记录包括定日镜号，是否被选中。

（3）处于校正状态的定日镜光斑的目标位置是白板中心。当移动定日镜的动作完成时，镜场系统发送定日镜号，启动图像采集状态字到图像采集系统。

（4）图像采集系统接收到启动信号开始图像采集工作，并分析光斑质量及光斑质量中心坐标，将光斑质量、光斑中心坐标及采集时间发送给镜场控制程序，镜场程序根据这些信息校正跟踪偏差。

（5）图像采集系统记录如下信息：定日镜号，光斑质量、光斑中心坐标、图像采集时间日期。

（6）在对定日镜初步调整后，就可根据光斑能量中心对定日镜进行精确定位，使接收器上的光斑能量中心与接收器窗口的中心重合。

（7）针对上述问题，本系统中反馈信号由图像采集设备和图像处理软件得到。图像采集系统接收到启动信号开始采集接收器上的光斑图像，通过图像处理软件分析光斑质量与及光斑中心坐标，并将光斑质量、光斑中心坐标及采集时间发送给镜场控制程序，将光斑中心坐标与靶面中心的偏差作为反馈信号，校正定日镜的跟踪偏差，从而构成一个闭环控制系统，使跟踪更迅速、准确。

二、定日镜执行机构控制技术

目前定日镜高度角和方向角的调整一般都通过小型 PLC 驱动伺服电机来实现，也有的电厂使用内置专门程序的单片机来替代 PLC（美国 Ivanpah 电厂），未来随着 DCS 硬件成本的降低，也可使用 DCS 硬件来替代 PLC，但目前使用小型 PLC 作为就地控制器仍然是主流的技术手段。伺服系统是使物体的位置、方位、状态等输出给被控量，使其能跟随输入目标变化的自动控制系统，主要任务是按控制命令的要求，对功率进行放大、变换与调控等处理，使驱动装置输出的力矩、速度和位置控制灵活方便，是一个典型闭环系统，减速齿轮组由电机驱动，其输出端带动一个线性的比例电位器作位置检测，该电位器把转角坐标转换为比例电压反馈给控制线路板，控制线路板将其与输入的控制脉冲信号比较，产生纠正脉冲，并驱动电机正向或反向地转动，使齿轮组的输出位置与期望值相符，令纠正脉冲趋于 0，从而达到使伺服电机精确定位的目的。标准的伺服电机有三条控制线，即电源线、地线及控制线。电源线与地线用于提供内部的电机及控制线路所需的能源，电压通常介于 4～6V 之间，输入为周期性的脉冲信号，这个周期性脉冲信号的高电平时间通常在 1～2ms 之间，而低电平时间应在5～20ms 之间。

可以利用太阳和定日镜的相对位置得出定日镜转动到的位置，实现伺服电机的一个位置控制。位置控制一般是通过外部输入的脉冲频率来确定转动的角度，伺服驱动器接受控制器发送的驱动脉冲转动，根据脉冲形态，经电子齿轮分倍频后，在偏差可逆计数器中与反馈脉冲信号比较后形成偏差信号。反馈脉冲是由光电编码器检测到电机实际所产生的脉冲数，经四倍频后产生的。位置偏差信号和复合控制器调节后形成速度指令信号，再与速度反馈信号和位置检测装置比较后的偏差信号经过速度环比例积分控制器调节后产生电流指令信号，在电流环中经矢量变换后，输出转矩电流，控制交流伺服电机的运行。

位置控制精度由光电编码器每转产生的脉冲数控制，增量式编码器结构简单，平均寿命长，分辨率高，实际应用较多。由控制器输出东西位置的方向信号和上下位置的方向信号，经光电隔离后送入伺服驱动器中；脉冲信号控制电机运行的步数，方向信号控制电机的正反转运动；信号经光电隔离可以除去外界对系统的干扰，又可以有效防止过压、过流对系统的损害，大大提高系统的控制精度。

可以通过就地操作板对伺服电机的参数设置，控制方式选择位置控制，转矩限制为输入无效，驱动禁止为输入无效，指令脉冲输入方式选择为脉冲/符号方式，指令脉冲禁止为无效，每转输出脉冲数值为2500，其他参数为默认值。操作面板上的位置控制移动的距离，速度按钮调节移动的速度，方向按钮控制移动的方向，启停按钮可以控制电机的启动和停止，根据所需脉冲频率可以通过PLC输出高速脉冲，脉冲的宽度可通过脉冲数量调节。

综合考虑驱动机构的启动惯性所需要的最短时间和保证控制精度所限制的最长时间两个因素，可设定一个合适的每次动作的时间常数，即脉冲宽度。设计中充分利用PLC的函数运算和逻辑判断功能，既能准确提供和太阳同步的工作时间，又能通过调节输出脉冲信号的占空比来体现其方位角与时间的变化呈现的非线性关系，以实现实时的自动跟踪。

控制电路由PLC、伺服电机和其他传动装置组成，根据同一时刻太阳和定日镜的相对位置，计算出定日镜需要转过的角度。通过脉冲输出模块，PLC发出脉冲信号给伺服电机，伺服电机的转速与脉冲频率成正比，电机步距角的多少与脉冲个数成正比，脉冲频率越高，脉冲个数越多，电机的速度和步距角越大。伺服电机的启动、停车、反转都可以在少数脉冲内完成，且在一定频率范围内运行时，运行平稳，不丢步。

三、定日镜就地控制技术

（一）就地控制的功能设计

根据现场运行及突发状况，就地控制的功能设计为：

（1）控制电机旋转。在跟踪太阳的过程中，电机是通过连续动作消除当前位置与目标位置的差。

（2）当出现与上位时的通信故障时，可以自动将定日镜置于水平位置。

（3）接收上位机的指令，将定日镜转至指定的位置。

（4）和上位机保持时间的一致性。

（5）根据时间、日期、经纬度及与塔的坐标关系，计算定日镜的目标位置。

（6）安全保护功能，定日镜的终止保护接近开关与继电器相连，当定日镜旋转到保护开关位置时，切断伺服驱动器的供电。

（7）就地控制功能，将手动操作面板上的手动/远程控制旋钮打到手动位置，用户就可以通过手动操作面板将定日镜旋转至指定的位置。

（8）可实现就地/远程切换，俯仰手动正转（点动），俯仰手动反转（点动），水平手动正转（点动），水平手动反转（点动）。

（9）远程控制功能，将手动操作面板上的就地/远程控制旋钮旋转到自动位置，就地控制器根据上位机的指令，自动将定日镜旋转至指定的位置。

（10）定日镜场控制系统可以根据全场控制系统的需求，控制场内的定日镜处于工作状态、预备状态、停放状态。在设定跟踪地点和基准零点后，控制系统会按照太阳的地平坐标公式自动运算太阳的高度角和方位角。然后控制系统根据太阳轨迹每分钟的角度变化发送驱动信号，实现跟踪装置两维转动的角度和方向变化。在日落后，跟踪装置停止跟踪，按照原有跟踪路线返回到基准零点。

（11）可以控制定日镜水平与俯仰旋转。当就地控制器与主控制器通信中断时，可以控制定日镜转至停放状态。

（12）与图像采集系统连接，分别获取每台定日镜的跟踪误差校正参数，并通过参数提高每面定日镜的跟踪精度。

（13）定日镜场控制系统接收全场控制系统的指令，控制定日镜移动到指定的位置，指定的位置包括：紧急避险、方位归位、竖直清洗、雨天自洁、自动跟踪、准备好、自动校准，分别详述如下：

1）紧急避险状态：当遇到大风或通信信号中断等紧急情况时，定日镜垂直方向旋转到镜面与地面夹角 15°左右的位置，方位电机不动。

2）夜间归位状态：将定日镜旋转至方位初始传感器位置及垂直初始传感器位置。该状态为镜面与地面夹角 10°左右，镜面法线在地面投影为东偏南 10°左右。

3）竖直清洗状态：该状态应保持镜面与前方通道平行，镜面法线与地平面夹角成 10°左右。双立柱定日镜镜架可以设计有沿高度角方向翻转放平功能，一方面可以在恶劣气候下有效降低风载荷、实现自我保护；另一方面，晚间镜面翻转向下可利用地球引力部分实现镜面自清洁。

4）自动跟踪状态：将定日镜光斑投射到吸热器，当图像采集处理系统采集到的整体光斑偏离吸热器时，可以自动调整光斑位置。

5）准备好状态：将定日镜光斑投射到吸热器左侧或右侧水平方向 20m 的位置。

6）自动校准状态：程序自动确定（或人为指定）一台需要校准的定日镜，将该定日镜光斑投射到吸热器附近的白板上，通过图像采集处理系统检测光斑中心与白板中心的偏移量，确定跟踪过程中对应的校正量。

（14）就地控制器根据上位机的指令，将定日镜旋转到指定的位置。在自动跟踪及自动校准状态，需要就地控制器随时计算出定日镜的目标位置。就地控制器将该定日镜的目标位置、当前位置及工作状态等信息发送给上位机。通信方式支持光纤以太网或者无线通信。

（二）就地控制的硬件设计

就地控制器的硬件系统主要由 PLC、伺服电机、传动机构组成，硬件系统原理如图 9-11 所示。PLC 可提供脉冲信号、方向信号等控制信号给伺服电机，脉冲信号控制伺服电机的运动，脉冲方向信号控制伺服电机的运动方向（正转/反转）。

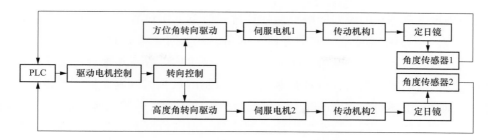

图 9-11　就地控制硬件结构框图

就地控制柜中的器件包含一台 PLC；两台伺服驱动器；断路器一只；接触器一只；继电器一只；接线端子若干；线性电源一台（24V）；两位开关两只；点触开关两只，指示灯一只。线性电源用来给伺服驱动器及 PLC 供电，继电器及断路器用来接通或切断伺服电机电源，PLC 用于控制电机动作及与上位机通信，开关及指示灯用于就地控制。

PLC 的典型 I/O 信号主要有：输入信号包括限位信号（方位初始限位、方位终止限位、方位初始保护、方位终止保护、俯仰初始限位、俯仰终止限位、俯仰初始保护、俯仰终止保护）、四个开关信号（就地/远程；水平/俯仰；顺时针转点动；逆时针转点动），两个驱动器故障信号；输出信号包括报警信号（报警指示灯）、两路伺服电机使能信号、伺服电机供电信号、水平电机脉冲信号（高速脉冲）和方向信号、垂直电机脉冲信号（高速脉冲）和方向信号，故障复位信号。

PLC 根据设定目标值自动输出脉冲信号，控制两台伺服电机正转、反转，通过传动机构可以将定日镜水平或俯仰旋转至允许范围内的任一位置。允许范围通过接近开关（或光电开关，机械开关）加以限位。

（三）就地控制的软件算法设计

采用二维跟踪的驱动执行机构，由太阳的方位角和高度角两个自动跟踪信号分别驱动两个伺服电机。太阳位置算法通过上位机编程实现，输入时间、地点、环境参数和定日镜的信息就可以得到此刻太阳位置，将太阳高度角和方位角转换为定日镜需要转到的位置，并与定日镜当前位置信息比较，得出定日镜需要转动的角度，上位机将此信息传给 PLC，PLC 发送脉冲给伺服电机控制定日镜的转动，并通过位置传感器实现角度反馈，校正定日镜的跟踪误差。控制系统原理如图 9-12 所示。

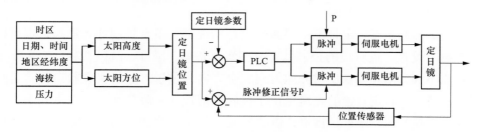

图 9-12　控制系统原理图

　　运行前输入观测点的经纬度则自动计算每一时刻太阳位置并转换成两个方向的电机运行步数。运行时实时显示太阳方位、仰角、北京时、世界时、地方时、方位角、方位驱动步数、总步数、高度角、高度角驱动步数和总步数，并综合考虑驱动机构的启动惯性所需要的最短时间和保证控制精度所限制的最长时间两个因素，设定一个合适的脉冲宽度。虽然每次动作的时间常数设定后恒定不变，但输出脉冲信号周期变化，因而可获得自动跟踪太阳方位角的时序控制信号。跟踪控制系统程序流程图如图 9-13 所示。定日镜控制系统采用就地控制、集中控制和全自动控制三种模式，正常情况下系统以全自动控制方式运行，当设备出现故障或调试时使用就地控制和集中控制，所有定日镜的动作都是由 PLC 编程实现的，不需要操作人员的干预；在对定日镜初步调整后，就可根据光斑能量中心对定日镜进行精确定位，使接收器上的光斑能量中心与接收器窗口的中心重合；镜场设计和定日镜成像光斑对准是塔式太阳能热发电系统整体设计中的关键部分，对接收塔上的会聚光斑图像进行分析，通过定日镜定位使接收塔上得到较大的太阳辐射能量，是镜场设计必不可少的基础；在设定跟踪地点和基准零点后，控制系统会按照太阳的地平坐标公式自动运算太阳的高度角和方位角，然后控制系统根据太阳轨迹每分钟的角度变化发送驱动信号，实现跟踪装置两维转动的角度和方向变化。在日落后，跟踪装置停止跟踪，按照原有跟踪路线返回到基准零点。

　　系统中不可避免会出现传动机构、机械装置等的误差累积，为了跟踪控制的精确性，我们采用脉冲修正的方式，控制流程图如图 9-14 所示。通过就地控制器读取偏差数据，以判断是否需要调整，只要跟踪偏差大于设定的范围，PLC 就会发送修正脉冲给伺服电机以减少偏差，直到满足位置要求。通过安装在定日镜上的传感器实时检测当前定日镜的方位角和高度角，通过反馈与定日镜的目标角度进行比较，从而决定对伺服电机的转动状态进行调整。修正原理是：当由于某种原因，使转动位置小于控制目标的位置时，PLC 发出与本次控制方向相同的控制命令，使电机往前修正，再通过反馈环节判断是否满足控制要求（其他情况类似），我们设定转动角度与预定的控制角度之差大于 $0.01°$ 时，系统设定进行脉冲修正。通过在采样时间内的数据判断，并通过驱动脉冲的调整，可以有效地修正系统带来的累积误差，使系统的控制精度提高。

　　定日镜的运转模式有自动回归模式、初始化模式、预热模式、常规模式及大风保护模式，其相互转化方式如图 9-15 所示。

　　定日镜的控制状态，定日镜主要通过主控系统进行单台控制或者群控，也可以通过本地控制器设置。定日镜的控制状态有安置、备用、瞄准、故障四种。安置，定日镜处于接收不到太阳光或者反射光照射到安全方向的位置，一般安置状态是将定日镜整齐排列；备用，将定日镜的光斑定位于接收器附近（一般是在塔的东方和上方）以便于快速引向接收器；瞄准，将定日镜的光斑定位于接收器中心；故障，表示通信故障或者其他原因导致定日镜不能使用，提醒检修。

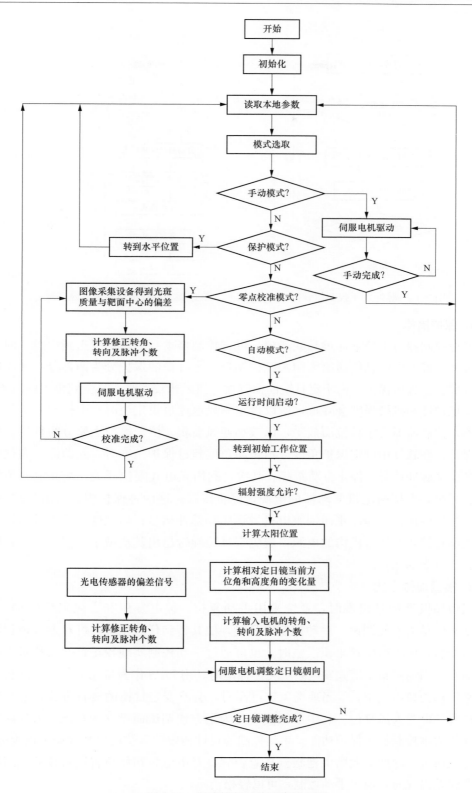

图 9-13　跟踪控制系统程序流程图

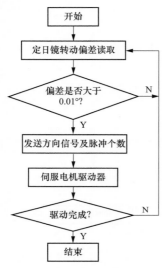

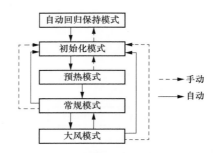

图 9-14　脉冲修正控制流程图　　　　图 9-15　定日镜运转模式及转换

1. 保护措施

就地控制器与中控室通过总线通信，可将控制器本身的状态发送到中控，同时中控也可将环境参数信息传递给太阳跟踪控制器。定日镜的保护分为两部分：大风保护和位置保护。大风保护，由于定日镜面积较大，当风速较大时，会受到很大的风阻力，其结构稳定性和机械强度会降低，所以设定当风速超过设定值时，中控室发送信号给控制器，控制器即将定日镜面放平，以减小迎风面积。位置保护主要分为软件保护和硬件保护，在软件中设定保护角度，当转动角度超过保护角度时，立即停止向伺服电机发送驱动脉冲信号，停止自动跟踪。其次，利用光电式限位开关，当光电开关得到感应信号时，会切断电机驱动器的电源，停止跟踪。这两种保护中，当出现故障时，首先通过软件保护立即停止向伺服电机发送驱动脉冲信号；当软件保护失效时，硬件保护能够直接切断执行机构的电源，避免定日镜旋转超出其机械承受能力，使跟踪系统得到更可靠的保护。

2. 报警复位方式

当现场报警信号出现时，系统采用手动复位、掉电复位和大风复位三种方式：①手动复位是为方便调试，手动控制定日镜，使其转到任意位置，可对定日镜初始位置进行校验，而当有位置累积误差时，也可通过手动控制实现校正；②而相对本地控制器而言，当遇到整个塔式发电系统突然掉电时，用 UPS 作为备用电源，立即将定日镜放平，即为掉电复位；③当现场风速过高时，会改变定日镜的放置方式，使其处于安全位置，即为大风复位。其中手动复位是为了方便调试而设立的功能，另外两种复位方式均为本控制器的保护功能。手动控制的设计使跟踪系统的安装和调试极为方便，我们可以通过手动调节太阳电池板到任意位置，对电池板初始位置进行校验。当有位置积累误差出现时，通过手动控制，可以轻松消除。

chapter 10

第十章

塔式太阳能光热发电站信息系统设计

电厂信息化是提高企业核心竞争力的重要手段。对于光热电站信息系统的规划设计、硬件配置和布置、软件选购与实施都会成为企业信息化重要的影响因素。

第一节 塔式太阳能电站信息系统应用现状

一、甘肃酒泉市某塔式 10 万 kW 光热发电项目

（一）厂级监控信息系统 SIS 及管理信息系统 MIS 应用现状

1. 管理信息系统 （MIS）

全站管理信息系统（MIS）包含建设期管理信息系统与生产期管理信息系统。建设期管理信息系统至少应包含设计管理、质量管理、安全管理、设备管理、文档管理、物资管理等内容。生产期管理信息系统应包含设备管理、生产管理系统。

2. 厂级监视信息系统 （SIS）

厂级监视信息系统（SIS）采集全部生产过程控制系统的实时数据、手工输入数据、手持设备数据或者其他信息系统的数据，建立生产过程实时/历史数据库，形成全厂自动化系统及其计算机网络。包括生产过程实时数据采集与监视、站级性能计算与经济指标分析。

（二）安防系统应用现状

工程设置生产期一卡通系统、视频监视系统、周界报警及电子巡更系统。

1. 一卡通系统

生产期一卡通系统包括：门禁系统、人行通道系统、车辆通道系统。

（1）门禁系统：门禁系统主要设置在办公室、重要车间厂房区域，按照每一个办公室、配电间、电子间、工程师站、实验室等单独房间均设置的原则部署。

（2）人行通道系统：在厂区主出入口设置 4 个人行通道闸机，设备采用翼闸或摆闸，档次达到国内地铁设备水平。在生活区主出入口设置 2 个人行通道闸机，设备采用翼闸或摆闸，档次达到国内地铁设备水平。

（3）车辆通道系统：在厂区主出入口设置进、出两个车辆通道，设备采用车辆闸机、液压升降柱，两个通道之间设置安全岛。车辆通道采用远距离卡片。

2. 全站视频监控系统

对无人值班场所和影响机组安全的重要区域和电站安防区域设置视频监视点，对

各个控制区域进行监视，使运行人员能在系统启动、运行和停机时监视主厂房和辅助系统（车间）内的重要设备。采用 IP 架构的数字化网络视频监视系统，数字化视频监控系统中网络摄像机、信号传输网络、监控中心管理平台、IP 存储视频等设备均采用数字信号。视频监视系统总点数 200 点。

3. 周界报警及电子巡更系统

在电站围墙及主厂区内相关生产及安防区域建立一套周界报警及电子巡更系统，以提高厂区安全管理水平。

（三）视频会议系统应用现状

配置一套视频会议系统的视频会议终端设备，视频会议终端设备包含主机、高清摄像头及阵列式话筒。

（四）仿真系统应用现状

设一套仿真系统用于运行人员培训和故障分析。仿真是全范围、全过程和高精度的仿真，包括定日镜镜场、吸热器系统、换热储能、汽轮机和电气等系统及其设备等。

二、塞浦路斯某光热电站

（一）厂级监控信息系统应用现状

设置厂级监控信息系统，厂级监控信息系统（SIS）采集大量发电过程实时信息，可实现控制网络向管理网络数据的传输。

（二）管理信息系统应用现状

工程设置一套 MIS 系统。MIS 系统不仅提供电厂的运行模式，还为电厂建设和机组检修提供指导。

（三）全厂视频监控系统应用现状

全厂设置视频监控系统，用于监视路口、门口、围墙和电厂其他区域。视频监控系统数据传输至集控室大屏幕系统，按 300 点设置。

从上述案例可以看出，甘肃玉田市某电站信息系统设置与国外塞浦路斯某光热电站存在共同点，都设有信息管理系统、视频监控系统等。

第二节 信息系统规划原则

电厂信息化建设以"统一规划、分步实施、控制造价、注重实效"为总原则，在整个规划的具体设计当中，注重以下方面要求。

一、系统性和完整性

按照系统工程的观点，把整个企业看作一个有机整体，全盘考虑，统一规划，避免信息孤岛的产生，避免局部优化时对整体目标的损害，争取达到整体最优化。整个系统基于"服务生产，面向管理，辅助决策"的设计思想，着眼于未来和发展，同时注重结合目前实际情况，进行统一总体规划设计。

二、实用性和先进性

为充分发挥系统的作用，应注重系统的实用性。在硬件和系统软件平台的建设方面充分考虑企业特点，适应企业组织形式、业务要求和工作系统等，能无缝与现有系统整合，便于数据信息的收集、存储、维护与更新，便于软件系统的升级维护。同时，为适应电厂不同层次人员，应采用简单、实用、人性化，提供灵活、方便、高效的工作平台。

在实用性的前提下，系统在设计思想、系统架构、采用技术、选用平台上均要具有先进性、前瞻性、扩充性、开放性。尽可能采用当代先进、成熟和具有发展潜力的基础架构平台，采用模块化组件技术、面向对象开发技术及基于 Web 的门户技术等，实现企业应用及电子商务的灵活部署及扩展，可以全面集成系统内部及外部各系统，既要保证系统满足现在的要求，又要适应未来技术的发展。

三、标准化和开放性

在总体设计、规划上符合国家先进的技术标准及国家有关信息化电厂建设要求和标准。

进行数据的整体规划，在此基础上建立一整套符合国内/行业/企业标准的编码体系，对数据进行编码和规范。在数据库设计上严格遵循相关技术标准。软硬件产品的选择必须坚持标准化和开放性原则，采用开放性体系结构；在应用软件开发中，遵循软件开发的规范要求。

遵循开放的设计思想，符合各种形式通信标准及通用开放平台的接口标准，具有良好的可移植性、可扩展性、可维护性和互联性。按照分层设计，实现软件模块化。对于采用的软件模块化开放方式要满足：①系统结构分层，业务与数据分离；②以统一服务接口规范为核心，使用开放标准；③模块语言描述要形式化；④提炼封装模块要规范化。

系统管理要用参数化方式设置，实现硬件设备、系统软件的配置、删减、扩充、端口等。数据结构要符合国家标准和电力行业标准，数据库的修改维护界面要简洁、实用、易操作。

四、安全性和可靠性

系统建设遵循安全、保密的原则，系统对数据操作要实现对各级用户授权限制。采用统一的用户认证，采用统一的用户、权限管理和控制、密码控制等多种安全和保密措施。为保证信息的安全性，对于安全性要求高的信息采取物理隔离和防泄露等手段，对一般内部网上的信息必须建立符合安全要求的防火墙、入侵检测、数字证书、防病毒、数据加密技术等，能够严格有效地防止外来非法用户入侵，能够避免遭受网络攻击，防止失密情况的发生，防止非法侵入带来的损失。对重要的业务系统采取双机热备的方式，保证信息的实时备份，对一般业务数据库则通过定期数据存储备份实现。网络设计应尽可能避免单点故障发生，关键设备互联时，应充分考虑冗余备份。

系统设计中要具有容错和动态均衡，平台和应用软件尽量采用主流产品和成熟技术，降低系统的不稳定性。

五、经济性和灵活性

充分考虑电厂的现有资源，尽量减少技术风险和投资风险，在保障应用和发展的前提下，因厂因地合理规划电厂信息化系统。

系统的设计应具有应变能力，以适应未来变化的环境和需求。在系统的体系构架和功能设计上，体现一定的灵活性，能够满足不同用户、不同情况下的使用需求。系统具有良好的可扩展性及可移植性，可满足分步实施的要求。

第三节　塔式太阳能电站信息系统的规划

信息系统的规划设计不光着眼于电厂的运行，还要考虑电厂建设期的信息管理和积累；需要考虑设备的维护、检修和管理，为整个电厂的生命周期服务。电厂信息的规划设计应紧紧围绕着工程的要求开展工作，对涉及管理模式和业务流程的那部分内容应该满足项目所属集团公司或项目法人提出的要求。

电厂信息系统的主要结构：

1. 数据库

包括4类数据：实时数据库（RTDB）、关系数据库（RDB）、图档数据库（DOC）、文件库（FILE）。这4类数据库如何配置要根据电厂实际应用情况确定，例如：关系数据如果配置在微机服务器上，数据库的数量就比较多，而配置在小型机上，数据库的数量就可以减少。但无论数据库服务器的数量有多少，都应该集中放置，这样做不但节省投资，更重要的是便于备份、灾害恢复、维护和管理。

2. 服务器

包括8类的服务器：数据库服务器、应用服务器、文件服务器、邮件服务器、Web服务器、视频服务器、安全认证服务器、防病毒及过滤服务器。这8类服务器是从应用角度所做的逻辑划分，物理设备应根据实际情况配置。例如：Web服务器和安全认证服务器在外部访问数量不大的情况下，可以放在一台设备上完成；而应用服务也可以把不同的应用放在多台服务器上。

3. 计算机网络

包括两个计算机网络：一个是过程自动控制的网络，另一个是用于各种信息管理的网络。从技术原理和技术实现上来说，这两个网络是一样的。

4. 应用系统

本着不重复、不漏项、经济实用的原则，对全厂应用系统做出统一规划，包括电厂采用的标识系统。规划应具有一定的先进性，考虑企业在整个生命周期中信息管理的要求，并规划好基建与生产之间的过渡内容。应用系统的规划设计是一项系统工程，应该从系统的整体性出发考虑各应用软件之间的协调关系。

第四节　信息系统设计

一、电站厂级监控信息系统

厂级监控信息系统（SIS）是全厂信息化建设的基础，目前处于发展阶段。因此在设计时应考虑全厂信息化的整体需求和系统扩展需求。考虑厂级监控信息系统（SIS）技术限制和自身特点，将 SIS 系统建设划分为多个阶段，分步实施、分步使用、分步收益，随着专业领域技术的发展不断充实系统功能，同时利用分步使用积累的应用经验不断完善系统。

厂级监控信息系统常规功能包括：数据采集与监视功能、厂级性能计算与分析功能、系统优化功能。

1. 全厂各监控系统实时信息采集、处理和监视

该功能以画面、曲线等形式显示各个功能模块及其设备的运行状态和性能参数，为厂级生产管理人员提供实时信息。同时记录生产过程的主要数据，存入数据库，为以后统计、查询、分析等工作提供资料。同时，还可根据各职能部门需要生成各类生产、经济指标统计报表。下层设镜场系统、吸热器系统、热电转换系统和发电机系统四个子系统。

2. 厂级性能计算

厂级性能计算平台是厂级监控信息系统的重要功能。该功能用于计算各分系统设备的效率等。

主要给出镜场、吸热器、换热器、凝汽器、汽轮机、蒸汽储热器、除氧器等各设备效率、参数及性能分析。显示计算值和设计工况之间的偏差值以及这些偏差值，提供给厂级监控人员进行调整，以提高发电效率，获得最佳发电成本。镜场系统优化调度程序依据大气环境条件、吸热器内温度场分布、光功率、主蒸汽压力、给水流量、储热介质温度以及发电功率等参数，再根据现场调试试验得到的定日镜场优化调度规则库（包括各种参数关联曲线或模型，各种工况控制策略等），针对可以投入运行的各定日镜分别进行适应系统目标的调节控制，计算出发电量最大时所需调用的定日镜数量及分布，以及吸热器上的能流密度分布，并可通过调整各定日镜目标点（接收面上太阳光斑的位置）使吸热器上能流分布均匀，防止吸热器局部过热故障。

3. 全厂运行模式优化调度

该功能根据发电计划，以高效率、低成本为目标，根据 DCS 采集的有关太阳能聚集子系统、太阳能吸热器、蓄能子系统和动力及辅助子系统中的关键设备，特别是热力设备的动态特性，包括吸热器、高低温储热器、换热器、蒸汽发生器、辅助锅炉与辅助加热器等提供的数据和信息，气候和光照条件自动产生运行模式调度建议，反馈给厂级监控站，经监控人员确认后传送到 DCS 控制机组协调控制运行模式切换。对于太阳能电厂而言，一天内太阳高度的不断变化以及气候的影响，电量的产出也会受到影响，因此在不同的时段和气候条件下，选择一种最经济、最有效率的运行方式。依照当天早晨预测辐照信息、风速影响、镜场可用状况、前一天储能余量程度、电网用电需求，以及运行过程中的光照度变化等相关因素，将运行模式分为冷启动模式、无光照运行模式、部分光照运行模式、基本运行模式等多种模式。

系统首先根据下层 DCS 控制系统采集的气候数据、光照强度等数据，根据建立的数学模型进行预测分析，确定启动模式。启动模式分为有光照冷启动模式和无光照冷启动模式。有光照冷启动模式启动后，太阳光经镜场反射集中进入吸热器，由吸热器产生的过热蒸汽全部输往储能系统。无光照冷启动模式启动后，由辅助锅炉给储能系统充热。启动后的运行模式分为强光照运行模式、部分光照运行模式和基本运行模式。系统实时监测数据库中气候信息的改变，并对改变的气候数据进行分析，确定系统的运行模式。如遇到突发性的事件如冰雹、大雪等恶劣气候条件时，可以人工对系统进行操作，关闭系统，同时对镜子进行翻转。

生产信息系统网络架构采用局域网标准 IEEE802. X 和标准 TCP/IP 协议。网络多采用以太网的双网结构配置，两台交换机互为热备。内网数据库服务器采用双机集群方式配置。设备采用集中部署方式，交换机、服务器、接口机统一布置在专用机柜中。由于高可靠性的要求，控制系统和接口机之间、生产信息系统和管理信息系统之间安装单向网络隔离装置，保证控制系统和生产信息系统本身的安全性。

二、管理信息系统

管理信息系统（MIS）建设的需求可描述为：利用计算机技术、网络技术、软件技术等现代信息技术，融入先进的管理思想，实现电厂全生命周期的信息管理，为电厂的生产经营管理者提供生产经营管理各环节真实、准确、及时的信息。

按照电厂的建设生产周期，将管理信息系统功能模块分为基建期部分和生产期部分。应统筹考虑管理信息系统在基建期和生产期的功能，对于基建期和生产期可以共用的功能模块，或直接过渡，或进行功能扩充后应平滑过渡到生产期使用，基建期间相关数据可转入生产期使用。

1. 基建期模块

电厂基建工程项目投资大、周期长、技术难、接口多、管理协调十分复杂，引入管理信息系统对于改进工程项目管理、提高工作效率和工作质量、有效控制工程进度、降低造价、保证安全和质量、积累信息资源具有重要意义。

电厂工程基建管理系统一般包括以下子系统：①计划管理子系统；②设备管理子系统；③材料管理子系统；④工程管理子系统；⑤质量管理子系统；⑥安全管理子系统；⑦档案管理子系统；⑧办公事务管理子系统；⑨施工管理子系统；⑩竣工结算管理子系统；⑪系统维护子系统。

上述功能划分方式在工程实际中比较常见，但并非只有这一种方式。

一般建设阶段的网络宜按照中心交换和桌面交换两级结构进行规划设计，采用百兆以太网技术，五类非屏蔽双绞线进行布线，100M/10M交换到桌面，单链路连接即可。

2. 生产期模块

生产阶段信息管理主要包括生产管理、设备管理、燃料管理、物资管理、经营管理、财务管理及行政管理。

生产运行阶段管理信息系统网络采用能共享信息系统中心资源的，以中心交换设备为通信枢纽的交换式以太网技术的局域网结构。采用中心交换、二级交换和桌面交换三级结构进行规划。网络主干采用千兆或万兆，1000M/100M交换到桌面，主干综合布线采用1∶1冗余设计，水平综合布线设计采用六类或超五类非屏蔽双绞线，对于厂区内集控室等干扰比较严重的建筑物应采用屏蔽双绞线。核心层由两台高端核心交换机组成，互为冗余备份，为接入设备提供千兆或万兆上联，为提高网络整体的安全可靠性，汇聚交换机与两台核心交换机之间均采用千兆光纤链路互联。

三、安全防范系统

（一）概述

GB 50797—2012《光伏发电站设计规范》7.3节提出电站宜设置安全防护措施，该设施宜包括入侵报警系统、视频安防系统和出入口控制系统等。

因部分光伏电站镜场区域与光热电站相似，故可参看光伏电站规范镜场的设计规范。但光热电站具有动力岛区域，动力岛区域与火力发电厂相似，因此动力岛区域安全防范系统设计可依据火力发电厂设计原则进行。

（二）安防视频监视系统

视频监视系统包括生产视频监视和安防视频监视两部分，可分开设置也可合并设置。依据GB 50395—2007《视频安防监控系统工程设计规范》，要求安防视频主要监视建筑物内人流、车流和物资流的主要通道和活动区域，在区域边界的通行门区域，重要物资流或现金、物品、票据等的接待交割区，重要物资设备存放区及其附近等；依据GB 50660—2011《大中型火力发电厂设计规范》，要求在设备库、材料库、厂大门、综合楼等设置安防视频监视。安防视频监视系统的监视范围主要包括厂大门、设备库、材料库、办公楼的重要区域、停车场等，监视人员流动情况，同时将信号送至电厂保卫监控室。

视频监视点设置的数量和机组容量关系不太大，但根据不同的发电公司、不同电厂、其具体的监视点数量差异很大，但需保证合理的设计监控点，避免死角和浪费。

（三）入侵报警系统

光热发电站厂区占地面积很大，安全巡检工作量大，有别于火力发电站。入侵报警是电厂安全保护一部分，GB/ 50797—2012《光伏发电站设计规范》7.3节提出宜设置入侵报警系统。

目前入侵报警系统主要包括：红外入侵报警技术、脉冲电子围栏入侵报警、振动传感光缆入侵探测、泄漏电流周界报警系统等。

从市场调研与产品总结来看，主动红外对射探测器一直是周界入侵报警系统中占据最大市场份额的主要产品，虽然容易受到地形、围墙、气候等外界因素的影响而导致有一定的误报率，但是由于它的技术已经发展得比较成熟，产品价格也相对低廉，因而使得许多用户尤其民用市场都比较乐意接受。

针对光热电厂安全运行及投资情况，可根据项目选址及项目安防要求决定是否设置防入侵报警系统及设置的区域。

（四）出入口控制系统

随着智能化电子安全防范技术的发展，为适应各电力公司新的运行管理模式需求，电厂采用出入口控制系统提高电厂的运行管理水平、减员增效。门禁管理系统也称为出入口控制。门禁管理的应用范围可结合视频监视系统综合考虑，包括动力岛内的重要设备区域（如电子设备间、高低压配电室等），生产综合楼区域的重要房间，也可包括厂区大门、重要的办公室等的出入口。

在生产及办公区内公共区域主要出入通道、重要设备机房、财务室、各部门办公室出入口可以设置门禁系统的设置点，能够对人员出入情况进行实时记录，并实现长时间存储功能。中央控制中心能对各门禁点进行远程开/关控制。门禁系统具有良好的防拆、报警功能，一旦有非法闯入的事件发生时，系统会自动进入布防状态，相关的门将全部关闭，并且通过电子地图直观反映在管理计算机上，必须能与消费、报警等安防系统实行联动，并考虑厂区未来各子系统整合的需要，能实行门禁、考勤、工资和人事管理的综合应用管理平台。特别是将设备间电子门的开关权限同两票系统及厂级视频监控系统联动管理：通过单元值班工在两票系统中预先编程设置，两票系统能对持卡人的通行卡进行有效授权，设置卡的有效使用时间和范围，同时具有强大的报表功能：系统可对所有的出入、报警、故障事件做记录，并根据需要分类查询，为其他管理工作提供数据依据。

数据文件联网共享：支持网络多用户、多工作站使用。门禁网络实现厂区一体化，将整个厂区门禁系统网络连成一个整体（可利用联成网络的各建筑物的通信和计算机布线实现联网），并由门禁管理中心通过 WEB 服务器，构成一个可实时监控的网络门禁系统。门禁系统实现电厂内部资料共享，能通过网络及时、准确地查询任意门禁点的信息，掌握当前门的状态和刷卡记录情况等。

同时门禁系统也应具有人员权限分级功能，做到在厂内任意地点计算机均可按权限查询的功能。持卡人凡打开设备间电子门，其姓名、照片、岗位、部门等档案都会自动显示在相关部门的监控主机屏幕上，以供运行人员核对是否本人持卡，也可以考虑利用指纹识别、人脸识别的方式制作电子门锁，同两票系统及劳动人事的人力档案系统挂钩。

门禁系统和视频监控系统、消防报警系统都有联动接口，当特定区域发生火灾报警时，相关门自动开启或关闭，同时考虑增加关系感应，区域感应相关联的功能。

（五）生产视频监视系统

生产视频在发电厂采用集控运行的今天，发挥着辅助生产运行、加强设备监管、降低巡检人员工作强度、降低劳动安全风险的重要作用。

生产视频监视系统主要考虑对全站主要电气设备、关键设备安装地点以及周围环境进行全天候的图像监视，以满足电力系统安全生产所需的监视设备关键部位的要求。

生产视频监视范围主要包括主厂房的危险区域、重要设备区域、无人值班的辅助车间等区域。对于塔式电站监视范围宜包括汽机房、升压站、电子设备间、配电间、吸热塔、定日镜场、无人值班的辅助车间等。视频监视点的设置数量可依据发电公司自身监视水平定制。整个数字监控系统整体架构可划分为两级：监控前端设备和监控中心平台管理系统；如果按功能可分为三大部分：前端监控部分、网络传输部分和监控中心部分。

整个系统采用集中存储、管理、图像显示。辅助车间系统、安保系统与集中控制室核心交换机组成千兆传输网络系统，机组区域摄像机数字信号通过现场交换机接入集控室核心交换机，子系统区域摄像机数字信号接入现场交换机，现场交换机通过光纤接入子系统区域交换机。在集中控制室对汽机房、辅助车间系统（含储热系统、吸热塔系统）、安保系统现场摄像机图像集中存储、管理、显示。同时辅助车间系统、安保系统本地通过授权也可管理、显示本系统内的摄像机图像。

视频监控系统建立一个专用局域网。每层摄像机视频信号通过百兆链路直接接入每层接入层交换机。接入层交换机通过百兆光口上连到汇聚交接机。汇聚层交换机通过千兆光口接入监控中心的核心交换机，形成一个百兆接入，千兆主干的监控专用局域网。网络视频集中管理服务器、流媒体服务器、电视墙解码服务器等分别以千兆链路与核心交换机相连。网络拓扑见图10-1视频监控系统网络拓扑。

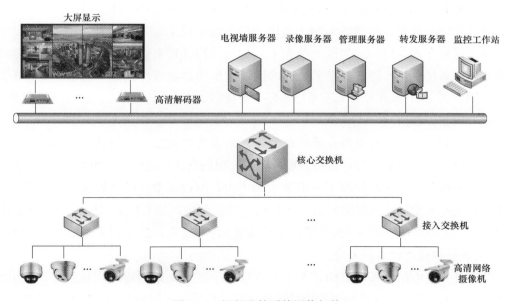

图 10-1　视频监控系统网络拓扑

chapter 11

第十一章

塔式太阳能光热发电站
吸热塔结构设计

吸热塔是塔式太阳能电站的核心建构筑物，结构总高度一般均超过200m，塔顶布置有吸热器，吸热器用钢结构支撑，塔上部布置有多层钢平台，塔内一般均设置楼电梯。吸热塔是一类特殊的高耸结构，本章主要论述吸热塔目前的设计现状、结构种类、抗风设计、抗震设计和安全监测等内容。

第一节　吸热塔结构设计技术现状

吸热塔是典型的高耸结构，截面高宽比较大，结构在风荷载作用下的内力经常是最不利设计工况。目前还没有针对吸热塔的专用设计规范，相关的能源行业标准《太阳能热发电厂吸热塔结构设计规范》正在编制中。

现阶段国内外关于吸热塔的设计工程中，主要是参考类似的设计标准进行，如 GB 50051《烟囱设计规范》、GB 50135《高耸结构设计规范》、ACI 307-08 Code Requirements for Reinforced Concrete Chimneys and Commentary 和相应的一些通用标准。

设计工作中发现，吸热塔不同于烟囱结构，也不同于常见的高耸结构；主要表现在结构质量分布不均匀、结构刚度分布不均匀、结构外形有突变、在结构上部往往布置有多个设备层。这些特征决定了结构的风荷载作用和地震作用计算与常规结构有较大的不同。图 11-1 所示为某工程项目外形及透视图，图 11-2 所示为某工程项目吸热塔沿高度的质量分布情况。

所以现阶段在没有针对性标准的情况下，结合类似规范进行设计的同时，进行一些必要的试验研究是必要的，也是各设计单位常用的做法；这些试验主要是风洞试验。

由于风荷载作用往往控制了截面大小和内力，所以风参数的选取就十分重要，其中阻尼比又是其中一个重要的参数。在我国设计规范中，如 GB 50051—2013《烟囱设计规范》、GB 50135—2006《高耸结构设计规范》，混凝土高耸结构的阻尼比取值均为5%，与国外规范有较大的差异。

某国外光热电站工程项目中，业主工程师基于已有文献的实际测量数据，认为结构阻尼比应取 0.7%，并进行了相应的风洞试验，试验结果表明基底弯矩和塔顶位移均为实际设计值的 1.4 倍以上。事实上，高耸结构及高柔结构的阻尼比是较低的，但是否能够低到 0.7%的水平值得商榷。实测阻尼比相对较低与实测时的基本风压有较大关系，当风压较小时，结构处于完全弹性状态，阻尼比会很低；当风压较大时，结构会

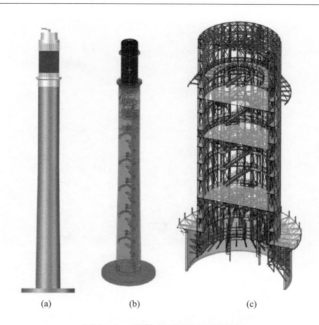

图 11-1 塔体外形图及透视图

（a）吸热塔外形图；（b）吸热塔内部透视图；（c）吸热塔上部钢结构透视图

出现微裂缝，且内部装置也会参与阻尼耗能，阻尼比会有所增加。已有文献也指出，实测阻尼比虽然较低，但设计阻尼比可以取 2%，这与考虑结构实际会出现的较大摆幅有关。同时，从 ACI 307-08 的条文解释可以看出，钢筋混凝土烟囱阻尼比为 1.5% 左右，且是随着结构的应力水平和裂缝开展情况变化的。

可以看出，风荷载作用下结构阻尼比取值仍有争议，由于这个参数对风致响应

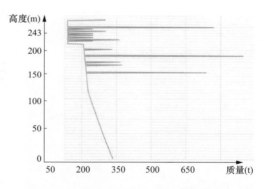

图 11-2 结构沿高度方向的质量分布

计算结果影响较大，所以还需要大量的研究和实测，综合考虑后确定合理取值。

第二节 吸热塔结构种类

在我国，塔式光热电站技术得到了政府的政策支持和各电力公司的密切关注，目前已于 2012 年建成 1MW 八达岭示范试验电站（塔高约 100m，见图 11-3）和 50MW 的中控德令哈电站一期工程（塔高约 80m，见图 11-4）。

八达岭太阳能电站为试验性质的电站，定日镜为扇形布置，在塔上装配了三个吸热器。其中主要的吸热塔采用了钢筋混凝土框架剪力墙结构，附属同时建设了一个钢结构吸热塔。

图 11-3 　八达岭电站　　　　　　　　　　图 11-4 　中控德令哈电站

浙江中控德令哈太阳能电站为示范性电站，吸热塔采用简单的钢结构方案，钢框架—支撑结构体系。最初没有设置储热系统，所以吸热塔荷载相对较小。

吸热塔结构目前在国内外主要有三种类型，分别为混凝土结构体系、混合结构体系和钢结构体系。

一、混凝土结构

图 11-5 所示为西班牙 Gemasolar 塔式太阳能电站混凝土吸热塔结构。

图 11-5 　混凝土吸热塔

一般来讲，混凝土吸热塔结构刚度有保障，容易达到工艺要求的位移目标。但施工周期相对较长，可能是塔式太阳能电站的关键工期。

由于塔内有较多的管道和设备，塔顶有大量的吸热器需要附着在结构上，那么就需要在筒壁上设置较多的埋件，会造成较大的施工困难。目前纯混凝土结构类型已较少采用。

混凝土吸热塔设计可参考的国际标准为美国 ACI 307-08《钢筋混凝土烟囱设计和施工》，国内项目可参考 GB 50051—2013《烟囱设计规范》或 GB 50135—2006《高耸结构设计规范》来设计。应该注意的是，吸热塔外形和烟囱相似，但由于内部布置有较多的设备和管道，和烟囱并不完全相同，还需要进一步研究吸热塔结构的特点，制定相应的技术规范或标准。

二、混合结构

正在建设的摩洛哥 NOOR Ⅲ 期塔式太阳能电站为一种典型的混合结构型式，如图 11-6 所示。

　　该项目的吸热塔总高 243m，为目前世界上最高的吸热塔，其中 200m 以下为混凝土结构，200m 以上为钢结构，属于竖向混合结构体系。塔上部布置有超过 3000t 的设备，且有多层钢平台。塔内布置有楼电梯，且有较多的支吊架支撑熔融盐管道。塔下部直径在基本设计阶段已确定为 23m，混凝土部分的上部截面直径为 20m；200m 以上的钢结构部分直径为 15.7m，为双层 32 边形格构柱构成的圆筒形结构；钢结构塔顶部布置一台检修用吊车。

　　结构有限元模型及前三阶振型如图 11-7 和图 11-8 所示。

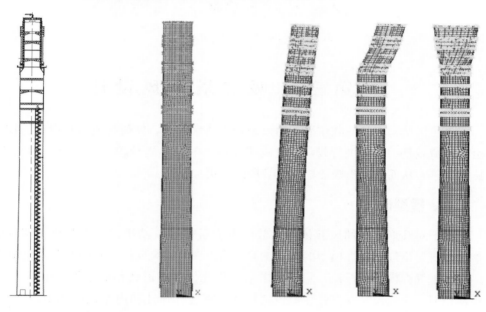

图 11-6　摩洛哥 NOOR III 期
　塔式太阳能电站吸热塔

图 11-7　结构
　有限元模型

图 11-8　结构前三阶振型

　　有限元计算得到吸热塔的前三阶自振周期分别为 3.28、1.12、0.88s，按照我国烟囱规范计算其前三阶自振周期分别为 3.68、0.54、0.176s，两者差异较大。其主要原因在于按照我国烟囱设计规范计算时有较多的计算假定，而此类结构不同于烟囱；同时采用我国烟囱规范计算时采用的是自编有限元软件，与真实模拟实际情况的有限元分析有很大不同。

　　从图 11-8 可以看出，吸热塔在上部钢结构与下部混凝土结构结合处出现了刚度突变，因此设计时在此处应进行加强。

三、钢结构

　　美国 Ivanpah 塔式太阳能电站的吸热塔是一类典型的钢结构吸热塔，如图 11-9 所示。

　　该吸热塔高度为 140m，钢框架—支撑结构。钢结构体系的优点在于施工速度快，管道和设备连接方便。

图 11-9　钢结构吸热塔

第三节　吸 热 塔 抗 风 设 计

吸热塔结构在风荷载作用下的风振效应非常显著，风荷载成为其设计的控制荷载。由于风荷载是一种随机荷载，而且风流经钝体的吸热塔结构时产生复杂的气流分离和旋涡脱落，从而使该类吸热塔的风效应问题更加复杂。

一、模型设计

由于对圆形截面的风载体型系数已有大量的试验结果，且规范也有明确的规定。本节主要讨论气动弹性模型的风洞试验，重点关注横风向风振和顺风向风振响应。

对于气弹模型的设计，除了要求结构物几何断面形状相似之外，还要求满足气动弹性相似。一般说来，气弹相似包括长度、密度、弹性和内摩擦的相似以及气流的密度、黏性、速度和重力加速度等相似，主要由 Reynolds 数、Froude 数、Strouhal 数、Cauchy 数、密度比和阻尼比 6 个无量纲参数来决定。表 11-1 所示为实际结构物与风洞模型之间应满足的无量纲参数一致性条件。

表 11-1　　　　　　　　　　　　无量纲参数相似要求表

无量纲参数	表达式	物理意义	相似要求
Cauchy 数（弹性参数）	$E/\rho U^2$	结构物弹性力/流体惯性力	严格相似
Strouhal 数	fD/U	时间尺度	严格相似
Froude 数（重力参数）	gD/U^2	结构物重力/流体惯性力	不模拟
Reynolds 数（黏性参数）	$\rho UD/\mu$	流体惯性力/流体黏性力	钝体可不模拟
密度比（惯性参数）	ρ_s/ρ_f	结构物惯性力/流体惯性力	严格相似
阻尼比	δ	每振动周期耗能/振动总能量	严格相似

实际上，模型设计中要完全满足表中所列的相似参数是不可能，除非直接通过原型做风洞试验。如雷诺数参数，风洞试验中往往因几何缩尺以及试验风速的限制而使模型的雷诺数比原型设计风速下小二至三个数量级，因此在模型设计及流场模拟时，相似参数必须根据研究对象和目的进行取舍，做到重要参数严格地相似而放弃次要参数或对由参数不相似带来的误差进行修正。

　　实际气弹模型设计中放松了 Reynolds 数的相似性模拟，因为结构模型风洞试验首先对模型进行了缩尺，导致 Reynolds 的相似性很难实现，除非采用高密度气体并提高流速。而对于高耸塔结构来说，雷诺数有不可忽略的影响，因此在试验模型表面粘贴竖向肋条来增加表面粗糙度以减小这一影响。

　　Froude 数反映了重力场对风振的影响，对于吸热塔而言，研究对象是结构水平方向的响应，对此只有结构的 $P\text{-}\Delta$ 效应较为显著时重力场对风振响应才有一定的影响，因此 Froude 数是一个次要因素。

　　所以试验模型重点考虑三个相似参数——Cauchy 数、密度比、阻尼比以及几何相似性。

　　Cauchy 数的相似条件决定了模型材料的弹性模量，由于很难找到既满足弹性模量相似要求又便于加工的材料，从而使弹性模量的相似性难以实现。然而，弹性模量总是出现在结构刚度表达式中，因此可以将弹性参数相似融合于刚度分布相似，例如直接保证弯曲刚度 EI 的相似，从而既完全模拟了结构的弹性参数，又简化了模型的制作。

　　密度比相似客观上要求模型的密度与原型的密度一致，主要在于对质量相似的模拟，缩尺模型试验中很难保证模型与原型的密度比为 1∶1，很多现有研究中常常是保持整个模型质量分布的一致性。

　　阻尼比相似的模拟较为困难，因为模型制作的材料特性和制作工艺都会影响模型振动的阻尼，但是阻尼比是测振试验的重要参数必须充分考虑，因此在模型材料的选择和加工工艺上应充分考虑，并且通过动力标定来测定模型阻尼比，保证气弹模型的阻尼特性与原结构保持一致。

　　图 11-10 所示针对某项目制作的气动弹性模型，模型采用金属材料制作。

图 11-10　气动弹性模型

二、风场模拟

　　对于紊流风场中的试验，除模型与结构物之间的相似外，还必须模拟紊流场相似参数和结构物与脉动气流间的相似参数。其中，除风速相似可以在风洞中较好模拟之外，其他参数如紊流强度等都很难准确模拟，而且自然风场中的紊流度特性随天气和地形地貌的变化明显，目前并没有完全统一的认识，因此试验中常常以现有的经验公式为目标进行模拟。对于吸热塔结构，试验中首先进行风速梯度的相似性模拟，然后再进一步较合理地模拟紊流度。

　　本模型风洞试验的紊流流场按美国规范 Minimum Design Loads for Building and Other Structure（ASCE/SEI7-10）规定的 C 类地貌模拟，地貌指数取 $\bar{\alpha}=1/6.5$，风速 U 和紊流强度 I 沿高度分别按以下公式变化：

$$\overline{U} = \overline{U}_{10}\left(\frac{\bar{z}}{10}\right)^{\bar{\alpha}} \tag{11-1}$$

$$I = C \left(\frac{10}{\bar{z}} \right)^{1/6} \tag{11-2}$$

式中　$\bar{z}$——高度，m；

　　　$\overline{U}_{10}$——10m 高度处风速，m/s；

　　　C——系数，0.2。

为了满足风速和紊流度剖面的要求，采用"尖劈＋格栅＋粗糙元"的方法模拟相应的风场。

三、试验结果

图 11-11 所示为 0.7％阻尼比时，塔顶两个方向的加速度响应。为减小风振响应，在塔顶设置了 TMD 减振装置，以检验减振装置的效果。

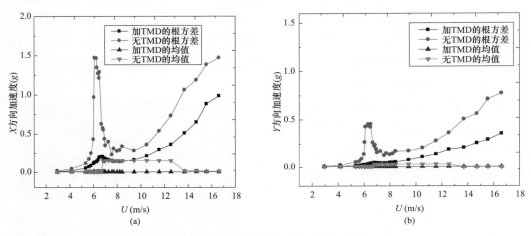

图 11-11　0.7％阻尼比时塔顶加速度响应

(a) X 向；(b) Y 向

图 11-12 所示为 1.7％阻尼比时，塔顶两个方向的加速度响应。

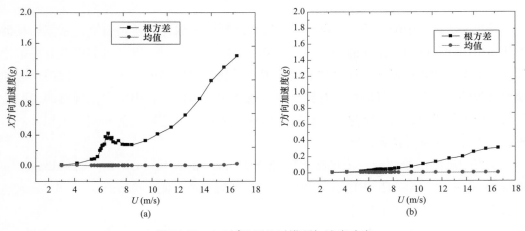

图 11-12　1.5％阻尼比时塔顶加速度响应

(a) X 向；(b) Y 向

从试验结果可以看出，结构涡振现象对阻尼比十分敏感，一定范围内，随着阻尼比的增大，结构响应迅速减小。阻尼比为 0.7% 时，结构安装 TMD 后减振效果显著，响应峰值可减小一半左右。

第四节　吸热塔抗震设计

在中高烈度区，吸热塔结构的地震作用不容小视，已有大量的震害表明，高耸结构在地震作用下容易产生震害。

有些专家认为，竖向地震对高耸结构的震害十分严重，认为结构的纵向振动使得上部压应力大大降低甚至会出现拉应力，急速增大下部压应力，降低自重所产生的压应力，计算高耸结构时，除了要考虑水平地震作用，还应该考虑竖向地震作用的影响。也有专家认为，通过研究阻尼比、二阶效应及地震波强弱对烟囱在三维地震作用下的弹塑性分析的影响，分析表明水平地震作用对烟囱的动力响应特性起主要作用，但竖向地震作用对烟囱抗震性能有明显影响。

本节介绍以某吸热塔工程项目为原型，所进行的模拟地震振动台试验结果。

一、模型设计

模型设计时综合考虑实验室实际规模、振动台性能参数和吊装能力等因素，以建立合理的相似关系，确保试验的可行性。根据试验室厂房的高度和起吊高度能力的要求，确定模型的几何相似比为 1/18；根据振动台的承载能力、台面尺寸和振动台最大激励加速度等性能参数确定加速度相似比为 9/4；最后参考以往的振动台试验经验并结合实际可用的现有工程材料，选用 1/3 的材料等效应力和弹性模量，再根据模型结构制成后的实测值加以调整。

模型结构应满足相似性原理，见表 11-2。

表 11-2　　　　　　　相　似　关　系

特性	物理量		相似准数
材料特性	应力	S_σ	1/3
	弹性模量	S_E	1/3
	应变	S_ε	1
	密度	S_ρ	8/3
	质量	S_m	1/2187
	刚度	S_K	1/54
几何特性	长度	S_l	1/18
	线位移	S_δ	1/18
	角位移	S_θ	1
	截面积	S_A	1/324

续表

特性	物理量		相似准数
荷载特性	集中荷载	S_F	1/972
	线荷载	S_q	1/54
	面荷载	S_p	1/3
	弯矩	S_M	1/17496
动力特性	周期	S_T	$\dfrac{\sqrt{2}}{9}$
	频率	S_f	$\dfrac{9}{\sqrt{2}}$
	速度	S_v	$\sqrt{1/8}$
	加速度	S_a	9/4
	重力加速度	S_g	1

图 11-13 试验模型

吸热塔模型结构按上述相似关系设计为：总重15t，总高 13.5m，其中混凝土筒体高 11m，顶部紫铜结构高 3m（包含伸入混凝土筒体内部和其连接部分）。图 11-13 所示为模型制作完成后照片。

二、试验工况

试验选取适合 Ⅱ 类场地条件的 2 条天然地震波（El-Centro 波和 Taft 波）和 1 条人工拟合地震波。试验中设计的地震波激励方向为 X、Y、Z 三向输入，其中 X 向为结构水平主方向，Z 向为竖直方向。试验工况设定为：6、7、8 度多遇，6、7、8 度设防和 6、7、8 度罕遇等工况，共 68 步，见表 11-3。

表 11-3　　　　　　　　　试　验　工　况

工序	地震烈度	模型最大加速度（gal）			台面激励	工况名称
		X 方向	Y 方向	Z 方向		
1	6 度多遇加 TMD	30	30	30	白噪声	B1
2		41	—	—	El-Centro 波	EX1
3		41	—	—	Taft 波	TX1
4		41	—	—	人工波	RX1
5	7 度多遇加 TMD	30	30	30	白噪声	B2
6		80	—	—	El-Centro 波	EX2
7		80	—	—	Taft 波	TX2
8		80	—	—	人工波	RX2
9	6 度多遇	30	30	30	白噪声	B3
10		41	—	—	El-Centro 波	EX3
11		41	—	—	Taft 波	TX3
12		41	—	—	人工波	RX3

续表

工序	地震烈度	模型最大加速度（gal）			台面激励	工况名称
		X 方向	Y 方向	Z 方向		
13	7 度多遇	30	30	30	白噪声	B4
14		80	—	—	El-Centro 波	EX4
15		80	—	—	Taft 波	TX4
16		80	—	—	人工波	RX4
17	6 度设防	30	30	30	白噪声	B5-1
18		113	—	—	El-Centro 波	EX5
19		113	—	—	Taft 波	TX5
20		113	—	—	人工波	RX5
21		30	30	30	白噪声	B5-2
22		—	—	113	El-Centro 波	EZ1
23		—	—	113	Taft 波	TZ1
24		—	—	113	人工波	RZ1
25	8 度多遇	30	30	30	白噪声	B6-1
26		158	—	—	El-Centro 波	EX6
27		158	—	—	Taft 波	TX6
28		158	—	—	人工波	RX6
29		30	30	30	白噪声	B6-2
30		—	—	158	El-Centro 波	EZ2
31		—	—	158	Taft 波	TZ2
32		—	—	158	人工波	RZ2
33		158	134	103	El-Centro 波	EXYZ1
34		158	134	103	Taft 波	TXYZ1
35		158	134	103	人工波	RXYZ1
36	7 度设防	30	30	30	白噪声	B7-1
37		225	—	—	El-Centro 波	EX7
38		225	—	—	Taft 波	TX7
39		225	—	—	人工波	RX7
40		30	30	30	白噪声	B7-2
41		—	225	—	El-Centro 波	EY1
42		—	225	—	Taft 波	TY1
43		—	225	—	人工波	RY1
44		30	30	30	白噪声	B7-3
45		—	—	225	El-Centro 波	EZ3
46		—	—	225	Taft 波	TZ3
47		—	—	225	人工波	RZ3
48	6 度罕遇	30	30	30	白噪声	B8-1
49		282	—	—	El-Centro 波	EX8
50		282	—	—	Taft 波	TX8
51		282	—	—	人工波	RX8
52		30	30	30	白噪声	B8-2
53		—	282	—	El-Centro 波	EY2
54		—	282	—	Taft 波	TY2
55		—	282	—	人工波	RY2

工序	地震烈度	模型最大加速度（gal）			台面激励	工况名称
		X 方向	Y 方向	Z 方向		
56	8 度设防	30	30	30	白噪声	B9
57		450	383	—	El-Centro 波	EXY1
58		450	383	—	Taft 波	TXY1
59		450	383	—	人工波	RXY1
60	7 度罕遇	30	30	30	白噪声	B10
61		495	421	—	El-Centro 波	EXY2
62		495	421	—	Taft 波	TXY2
63		495	421	—	人工波	RXY2
64	8 度罕遇	30	30	30	白噪声	B11-1
65		900	765	585	El-Centro 波	EXYZ2
66		900	765	585	Taft 波	TXYZ2
67		900	765	585	人工波	RXYZ2
68		30	30	30	白噪声	B11-2

三、试验现象

1. 6 度多遇地震工况

根据试验工况设计，先后在模型结构上依次加载 X 向 El-Centro 波、Taft 波和人工波。振动结束后，模型结构混凝土筒壁表面未发现可见裂缝，紫铜结构未出现变形和可见的局部屈曲。经过白噪声扫描，模型结构自振频率基本相同。上述现象说明模型结构处于弹性阶段。

2. 7 度多遇地震工况

7 度多遇地震工况和 6 度多遇地震工况步骤相似。根据设计试验工况，先后在模型结构上依次加载 X 向 El-Centro 波、Taft 波和人工波。振动结束后，模型结构混凝土筒壁表面未发现可见裂缝，紫铜结构未出现变形和可见的局部屈曲。经过白噪声扫描，模型结构自振频率基本相同。上述现象说明模型结构处于弹性阶段，满足抗震设计要求。

3. 6 度设防地震工况

根据 6 度设防地震工况设置，在模型结构上依次加载 X 向 El-Centro 波、Taft 波和人工波，Z 向 El-Centro 波、Taft 波和人工波。振动结束后，模型结构混凝土筒壁表面未发现可见裂缝，紫铜结构未出现变形和可见的局部屈曲。经过白噪声扫描，模型结构自振频率基本不变。上述现象说明模型结构依然处于弹性阶段。

4. 8 度多遇地震工况

按 8 度多遇地震工况设置，在模型结构上依次加载 X 向 El-Centro 波、Taft 波和人工波，Z 向 El-Centro 波、Taft 波和人工波，X、Y、Z 三向 El-Centro 波、Taft 波和人工波。振动结束后，模型结构混凝土筒壁表面发现细小裂纹，紫铜结构未出现变形和可见的局部屈曲。经过白噪声扫描，模型结构自振频率出现轻微衰减。上述现象说明模型混凝土筒体结构开始进入塑性阶段，紫铜结构仍处于弹性阶段。

5. 7 度设防地震工况

7 度设防地震工况下，在模型结构上依次加载三组单向地震波：X 向 El-Centro 波、Taft 波和人工波，Y 向 El-Centro 波、Taft 波和人工波，Z 向 El-Centro 波、Taft 波和人工波。振动结束后，模型结构混凝土筒壁表面发现轻微裂缝，紫铜结构未出现变形和可见的局部屈曲。经过白噪声扫描，模型结构自振频率出现进一步轻微衰减。上述现象说明模型混凝土筒体结构已经进入塑性阶段，紫铜结构依然处于弹性阶段。满足抗震设防目标。

6. 6 度罕遇地震工况

6 度罕遇地震作用下，在模型结构上依次加载二组单向地震波：X 向 El-Centro 波、Taft 波和人工波，Y 向 El-Centro 波、Taft 波和人工波。振动结束后，模型结构混凝土筒壁表面未出现较多新裂缝，旧裂缝发生开展，紫铜结构未出现变形和可见的局部屈曲。经过白噪声扫描，模型结构自振频率出现小幅衰减。上述现象说明模型混凝土筒体结构处于塑性发展阶段，紫铜结构仍处于弹性阶段。

7. 8 度设防地震工况

8 度设防地震工况下，在模型结构上加载双向地震波：X、Y 双向 El-Centro 波、Taft 波和人工波。振动结束后，模型结构混凝土筒壁表面裂缝继续发展，紫铜结构未出现明显的变形和局部屈曲。经过白噪声扫描，模型结构自振频率出现小幅衰减。上述现象说明模型混凝土筒体结构依然处于塑性发展阶段。

8. 7 度罕遇地震工况

7 度罕遇地震作用下，在模型结构上加载双向地震波：X、Y 双向 El-Centro 波、Taft 波和人工波。振动结束后，模型结构混凝土筒壁表面原有裂缝继续发展，根部和底座连接部位出现环向贯通裂缝，紫铜结构局部发生轻微弯曲变形，11m 处最底层结构斜撑出现屈曲反应，整体稳定性良好。经过白噪声扫描，模型结构自振频率出现进一步衰减。上述现象说明紫铜结构进入塑性阶段。模型结构抗震性能满足抗震水准要求。

9. 8 度罕遇地震工况

8 度罕遇地震作用下，在模型结构上加载三向地震波：X、Y、Z 三向 El-Centro 波、Taft 波和人工波。振动结束后，模型结构混凝土筒壁表面出现较多新裂缝，原有裂缝继续发展，S 面 4m 处裂缝环向贯通，7m 处出现一条环向贯通裂缝，紫铜结构局部弯曲变形，结构柱底部出现屈曲反应，整体发生轻微变形。经过白噪声扫描，模型结构自振频率出现更大衰减。模型结构依然具有一定的抗震能力。

四、试验结果

1. 结构动力特性

结构经历 7 度罕遇地震后，X 向一阶频率下降了 15.6%，Y 向一阶频率下降了

17.9％；结构经历 8 度罕遇地震后，X 向一阶频率下降了 19.4％，Y 向一阶频率下降了 26.4％；结构的频率随台面地震波激励值的增大而降低，阻尼比则随着结构刚度的退化而提高。

2. 水平地震作用下

X 方向加速度反应略大于 Y 方向加速度反应。这是由于 X 方向底部的孔洞，降低了结构的 X 向抗侧刚度，但影响不是很大；混凝土塔身结构的加速度反应明显小于钢结构塔顶的加速度反应，塔顶有显著的鞭梢效应；随着台面激励加速度输入值的逐渐升高，加速度放大系数逐渐降低。钢结构和混凝土连接处的加速度反应基本一致，加速度放大系数变化趋缓，说明连接处刚度较大，节点性能良好。

结构在相同地震水准下，输入不同的地震波，混凝土结构 X 方向和 Y 方向位移反应最大值相差不多。说明 X 方向底部的孔洞对结构影响不大，Y 方向和 X 方向刚度基本相同。钢结构在 8 度罕遇地震作用下，顶部 X 方向出现了较大的水平位移反应；结构位移反应最大值在钢结构和混凝土连接处表现基本一致，说明连接处连接可靠，性能良好。8 度罕遇地震作用工况结束后，连接处混凝土筒体开裂，连接处位移反应差值变大，连接刚度相对有所降低。但依然具有良好的抗震能力。同一地震水准下，输入 Taft 波时结构位移反应最大，尤其是在 8 度罕遇地震作用下，X 方向相对位移反应最大值达到了 1665mm。说明地震动对结构的位移影响是多面的，不仅取决于地震烈度的大小，还和结构的自身动力特性以及地震波的频谱特性等相关；在混凝土结构和钢结构转换位置，发生较大刚度突变，7 度罕遇地震作用下最大位移角为 1/85，满足 GB 50011—2010《建筑抗震设计规范》中钢结构位移角不大于 1/50 的限值要求。最大塔顶总位移角为 1/280，满足 GB 50051—2013《烟囱设计规范》中任意高度离地面位移角不大于 1/100 的限值要求；8 度罕遇地震作用下最大位移角为 1/35，大于 GB 50011—2010《建筑抗震设计规范》中钢结构位移角不大于 1/50 的限值要求。最大塔顶总位移角为 1/146，满足 GB 50051—2013《烟囱设计规范》中任意高度离地面位移角不大于 1/100 的限值要求。

3. 竖向地震作用下

速度时程反应呈现出相同的规律，即随着高度的升高加速度反应逐渐增大再减小，以结构 2/3 高程处为界限。结构质心处加速度反应最大；钢结构的加速度反应小于混凝土结构的加速度反应，说明钢结构结构平台上的设备荷载对钢结构的竖向抗震能力有一定的积极作用；随着台面激励加速度输入值的逐渐升高，加速度放大系数逐渐降低；钢结构和混凝土结构连接处的加速度反应大小基本一致，加速度放大系数变化趋缓，说明连接处刚度较大，节点性能良好；结构质心处位移反应最大，最大值为 61mm。

第五节　结构安全监测

吸热塔结构是光热电站的重要结构，结构在服役期会受到客观环境所带来的各种荷载和灾害（如环境侵蚀、材料老化、荷载的长期效应、疲劳效应与突变效应、地震、飓风等）的耦合作用而导致结构和系统的损伤累积和抗力衰减，从而抵抗自然灾害、甚至正常环境作用的能力下降，极端情况下引发不可预估的突发事故。因此，为了保障结构的安全性、完整性、适用性与耐久性，新建和已经建成使用的重大工程结构采用有效的手段监测和评定其安全状况、修复和控制其损伤就应运而生。

监测系统的总体设计包括监测系统运行制度、监测内容设计、传感器选型设计、数据采集系统硬软件及其系统与总线设计、数据处理与分析设计、结构安全评定方法和预警阈值的设计原则、系统传输管线设计、系统施工组织规划。

安全监测系统可实时采集吸热塔结构关键构件的应变、应力、结构的振动（风引起的振动、地震反应和其他因素产生的振动）。根据采集的数据和有限元模型，可获得吸热塔结构整体受力状况和损伤情况，对监测期间的安全状态进行评估和预警。

结构安全评定主要包括：①有限元模型建立；②基于监测数据的结构健康基准有限元模型；③根据监测数据的结构使用状态的评定；④根据监测数据直接的构件健康安全评定；⑤根据监测数据和有限元分析的结构整体受力状态和健康状态评定。

结构安全预警阈值的设定主要包括：①规范规定的使用状态阈值；②关键构件应力超限阈值；③结构振动幅值超限阈值；④结构整体安全状态阈值；⑤设计地震荷载阈值。

对吸热塔结构而言，重要的控制指标为结构位移，可在整体结构顶部、下部混凝土结构和上部钢结构的交界面处设置加速度或位移传感器。吸热塔上部钢结构一般通过转换结构连接于混凝土结构，转换结构的受力十分关键，可在关键部件上设置应力应变传感器，监控其受力状态。吸热塔整体结构受力状态是设计者十分关心的问题，可在吸热塔底部钢筋上设置应力应变传感器，通过有限元分析模型进行分析评估结构的受力状态和损伤情况。

另外，在结构顶部布置风速仪测试实时风速变化情况，同时在工程师关心的其他部位布置相应的传感器。

总之，对重大工程结构采用安全监测系统已成为大势所趋，也是业主和工程师都关心的重要问题，安全监测系统对保障重大工程项目安全具有重要的意义。

chapter 12

第十二章

塔式太阳能光热定日镜结构设计

定日镜是以机械驱动方式使太阳辐射恒定地朝一个方向反射的反射器，反射的目标通常是一个物理存在的固定靶，也可以是一个固定的方向。定日镜分为地基、基座、传动系统、本地控制系统、反射镜及其支架。定日镜是塔式太阳能光热发电站的特有设备和主要部件，其结构设计直接影响电站系统的安全可靠运行。本章分析塔式太阳能光热发电站定日镜的结构类型体系，对定日镜的风荷载、风振变形进行研究，在理论研究的基础上，对定日镜结构进行优化设计，为定日镜结构的确定提供理论依据和技术支撑。

第一节　定日镜结构体系

定日镜群是塔式太阳能光热发电站的主要设备，也是电站的主要投资部分，它占据电站的主要场地，其造价约占整个发电站总造价的一半以上。以美国的 Solar One 电站为例，其初次投资大约为 1.42 亿美元，在定日镜上的投资就高达 7000 多万美元，占总投资额的 52% 左右。发展定日镜技术、优化定日镜结构设计，对于大幅降低塔式电站造价，推动太阳能发电走向市场有重要意义。

定日镜是以机械驱动方式使太阳辐射恒定地朝一个方向反射的反射器，依靠刚性支架支撑，并通过控制系统调整其仰角和水平方向，以确保使用过程中太阳反射光能准确地投向目标点，图 12-1 是某定日镜照片。为了使电站能够正常高效地工作，定日镜必须满足平整度误差小、反射率高；聚光精度高、运行稳定性好；结构机械性能好、可以在一定风力下正常工作，并能够抵御大风袭击；操纵灵活、易于安装维护；工作寿命长等要求。定日镜各部分结构都有其自身的特点：

图 12-1　某定日镜照片

1. 反射镜

反射镜的材料可以是玻璃镀银镜，也可以是高反射率的金属薄膜或者复合材料薄膜。由于太阳光是具有 $32'$ 夹角的锥形光，为使反射光能够朝向一个方向汇聚，反射镜需要形成一个空间曲面。面形可以采用平面、旋转抛物面、微凹曲面、球面、轮胎面或者复杂高次曲面等，结构上可以用一整块反射镜或由多块反射镜组合形成定日镜的反射面。

由于定日镜对反射率的要求较高，因此大部分电站通常采用镀银玻璃镜作为定日镜的反射镜材料。由于银的抗氧化性能较差，暴露在空气中易被腐蚀，因此保护银层免受腐蚀的方法是提高反射镜寿命的关键。防止腐蚀通常是在镜背漆表面涂覆一层保护层，同时覆盖镜子的边缘，这不仅能够提高对银背漆的保护效果，而且避免了潮气从边缘向镜子中侵入而引起边缘的腐蚀。玻璃镜在室外使用时还要求保护层具有抗紫外线辐射、抗冷热交变、干湿交变、沙尘、盐雾、酸雨和雨雪冰雹等性能。

2. 支架

定日镜支架是定日镜传动系统与玻璃反射面连接的重要部件。支架的结构组成既要满足力学性能要求又要满足简化生产和方便运输的要求。早期定日镜支架的设计采用两种技术路线，一种是"金属框架＋玻璃反射镜"结构，另一种是"张力金属薄膜＋金属框架"结构。随着两种技术路线的竞争，"金属框架＋玻璃反射镜"逐渐成为主流，目前已经建成的太阳能塔式热发电站和在建的电站，定日镜的设计均采用了这种结构。这种结构的优点是重量轻，抗扭能力强，反射镜表面没有框架遮挡。

定日镜支架可以分解为以下模块：①立柱模块。整体支架可绕立柱的轴线旋转，实现方位角方向的对日跟踪。②横轴模块。它是支架结构在高度角方向上的旋转轴。③支撑模块。用于将反射镜和横轴进行连接的钢构件，保证结构整体的刚度和强度。

3. 传动系统和控制系统

传动系统通常为机械传动，也可以采用液压传动。一套传动系统带动一台定日镜，也有少量一套传动系统带动多台定日镜的联动方案。动力机可以采用交、直流电动机、步进电机或者伺服电机等。控制系统在单台定日镜上可以采用可编程逻辑控制器（PLC）、单片机或者数字信号处理器（DSP），由多台定日镜组成的定日镜场还需要有上位工控机和通信网络组成的分布式控制系统（DCS）。另外也有通过一台 PLC 控制多台定日镜，再通过现场总线和上位机控制多台 PLC 的控制方案。

定日镜将运动中的太阳光线持续反射到一个固定的位置。对于平面的反射面，要求其法线始终位于运动的入射太阳光线方向与固定反射方向的角平分线上；对于轴对称曲面的反射面，要求对称轴的方向线始终位于运动的入射太阳光线方向与固定反射方向的角平分线上。

定日镜跟踪太阳的方式可以分为方位—俯仰跟踪、自旋—俯仰跟踪、极轴式跟踪和俯仰—倾斜式跟踪。其中方位-俯仰跟踪是最为常见的跟踪方式，定日镜具有两个旋转轴，一个转轴垂直于地平面，通过垂直轴的旋转可以使定日镜跟踪太阳自东向西的运行轨迹；另一个旋转轴平行于地平面，旋转时使定日镜跟踪太阳从地平面到天顶升降的运行轨迹。根据当地的经纬度和时间计算太阳位置，再根据定日镜和吸热器位置计算以定日镜为顶点的太阳—定日镜—吸热器之间连线的夹角，然后通过控制系统给电动机发送指令驱动反射镜，保持反射面的法线方向移动到规定的角平分线上，使反射光随时准确到达吸热器。

第二节　定日镜风荷载

塔式太阳能光热发电站一般都位于空旷的平整场地，没有较大的屏蔽物可以缓解由于大气流动对于定日镜所产生的风荷载及其效应。而且吸热器与定日镜的距离可能达 1000m 以上，定日镜的微小挠动就可能使得太阳的反射光不能够精确地反射到吸热器上，所以对于定日镜的工作精度要求非常高。对定日镜在风载荷条件下工作状态的研究，提高其抗风能力的研究已经受到了太阳能热发电站研究和设计人员的广泛重视。

根据定日镜所能遭遇的设计极端工况条件，进行支架强度设计以满足定日镜结构安全要求。在保护状态下，定日镜支架强度能够承受当地 50 年一遇的基本雪荷载；并能够承受当地 50 年一遇最大风速时不发生破坏。在运行风荷载条件下，定日镜具备正常工作能力，能够转动到指定的角度，使太阳光能准确地反射聚焦到吸热器上，从而使定日镜场输出能量满足要求。定日镜所受到的风载荷与风速和风向、定日镜面积、定日镜所处状态等因素有关。定日镜场中不同位置的定日镜所受风荷载的大小也不同。

一、风荷载计算

基于定日镜测压模型的风洞试验，计算得到定日镜风荷载。模型试验中符号约定以压力向内（压）为正，向外（吸）为负。表面各点的风压系数由下列公式给出：

$$\Delta C_{Pi}(t) = \frac{P_i^f(t) - P_i^b(t)}{\frac{1}{2}\rho v_0^2} \tag{12-1}$$

式中　$\Delta C_{Pi}(t)$——试验模型上第 i 个测压孔所在位置的风压系数；

$\quad\quad P_i^f(t)$——该位置上测得的正表面风压值；

$\quad\quad P_i^b(t)$——该位置上测得的背表面风压值；

$\quad\quad \rho$——空气密度值；

$\quad\quad v_0$——参考高度处风速。

对模型每个测点，通过对 $\Delta C_{Pi}(t)$ 的分析，可得到测点的平均净风压系数 $\Delta \bar{C}_{Pi}(t)$：

$$\Delta \bar{C}_{pi}(t) = \frac{\sum\limits_{j=1}^{10000} \Delta C_{pj}(t)}{10000} \tag{12-2}$$

为了给设计提供简单实用的数据，进行了分区域的平均净风压系数的计算：

$$\Delta \bar{C}_P = \frac{\sum \Delta \bar{C}_{Pi}(t)\ A_i}{\sum A_i} \tag{12-3}$$

式中　A_i——各测压点所属面积；

$\quad\quad \sum A_i$——各测压点所属面积的总和。

通过对 $\Delta C_{Pi}(t)$ 和 $\Delta \bar{C}_{Pi}(t)$ 的分析，可得到测点 i 的脉动风压系数 $\Delta \bar{C}_{Pi,\mathrm{rms}}(t)$：

$$\Delta \bar{C}_{pi,\mathrm{rms}}(t) = \sqrt{\sum_{i=1}^{N} (\Delta C_{pi}(t) - \Delta \bar{C}_{pi}(t))^2/(N-1)} \qquad (12\text{-}4)$$

式中　N——样本数。

依此可以求出测点的最大峰值风压系数和最小峰值风压系数：

$$\Delta \bar{C}_{Pi,\max}(t) = \Delta \bar{C}_{Pi}(t) + g\Delta \bar{C}_{Pi,\mathrm{rms}}(t) \qquad (12\text{-}5)$$

$$\Delta \bar{C}_{Pi,\min}(t) = \Delta \bar{C}_{Pi}(t) - g\Delta \bar{C}_{Pi,\mathrm{rms}}(t) \qquad (12\text{-}6)$$

式中　g——峰值因子，脉动风常近似作为高斯过程考虑，取峰值因子 $g=3.5$，符合实际工程需要。

为了给设计提供简单实用的数据，进行了分区域的峰值风压系数的计算：

$$\Delta \bar{C}_{P,\max} = \frac{\sum \Delta \bar{C}_{Pi,\max}(t) A_i}{\sum A_i} \qquad (12\text{-}7)$$

$$\Delta \bar{C}_{P,\min} = \frac{\sum \Delta \bar{C}_{Pi,\min}(t) A_i}{\sum A_i} \qquad (12\text{-}8)$$

依照国家标准 GB 50009—2012《建筑结构荷载规范》，作用在建筑物表面上的风压标准值按下式计算：

$$w_k = \beta_z \mu_s \mu_z w_0 \qquad (12\text{-}9)$$

式中　w_k——风荷载标准值；

　　　β_z——风振系数，对主要承重结构，按照 GB 50009—2012《建筑结构荷载规范》的 7.4 节计算；对围护结构，按照 GB 50009—2012《建筑结构荷载规范》的 7.5 节确定；

　　　μ_s——风荷载体型系数，通过风洞试验确定；

　　　μ_z——风压高度变化系数，按照 GB 50009—2012《建筑结构荷载规范》的表 8.2.1 确定；

　　　w_0——基本风压。

将式（3）代入式（9），得到公式：

$$w_k = \beta_z \Delta \bar{C}_P \mu_z w_0 \qquad (12\text{-}10)$$

采用分区域峰值风压系数 $\Delta \bar{C}_{P,\max}$ 或 $\Delta \bar{C}_{P,\min}$，依据文献《Wind Tunnel Testing：A General Outline》，由于脉动风压影响已考虑其中，因而设计风压标准值为：

$$w_k = \beta_z \Delta \bar{C}_P \mu_z w_0 = \Delta \bar{C}_{P,\max} \mu_z w_0 \qquad (12\text{-}11)$$

$$w_k = \beta_z \Delta \bar{C}_P \mu_z w_0 = \Delta \bar{C}_{P,\min} \mu_z w_0 \qquad (12\text{-}12)$$

定日镜的水平风向角和俯仰角的坐标表示如图 12-2 所示。图 12-3 所示为定日镜峰值风压系数分布图。

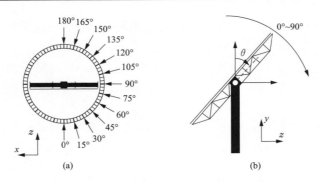

图 12-2　风向角和俯仰角

（a）水平风向角 α；（b）俯仰角 β

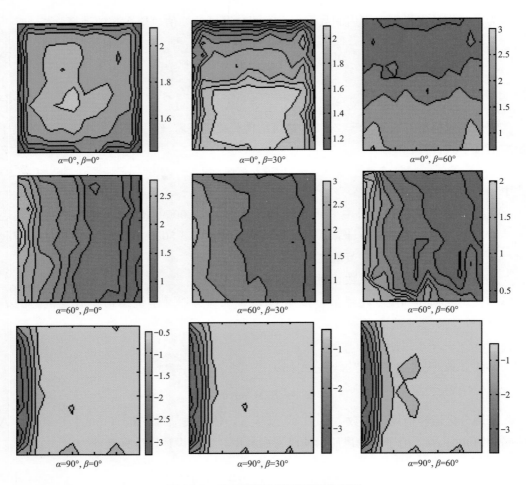

图 12-3　定日镜镜面峰值风压分布图

定日镜整体受力，阻力 F_x、升力 F_y、基底倾覆力矩 M_z 的计算如下所示，受力方向表示见图 12-4 所示：

$$F_x = \frac{1}{2}\rho v_H^2 A C_{F_x} \qquad (12\text{-}13)$$

$$F_y = \frac{1}{2}\rho v_H^2 A C_{F_y} \tag{12-14}$$

$$M_z = \frac{1}{2}\rho v_H^2 A H C_{M_z} \tag{12-15}$$

式中　C_{F_x}、C_{F_y}、C_{M_z}——分别为阻力系数、升力系数和基底倾覆力矩系数的均值，由
　　　　　　　　　　　风洞试验进行确定；

　　　　　　ρ——空气密度值；

　　　　　　A——定日镜的镜面面积；

　　　　　　H——立柱底到镜面板中心的高度；

　　　　　　v_H——H 高度处的平均风速。

　　阻力系数、升力系数和基底倾覆力矩系数随角度变化的变化曲线如图 12-5～图 12-7
所示。

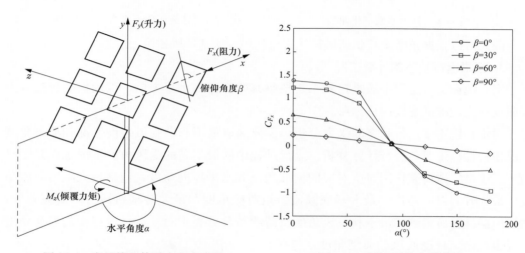

图 12-4　定日镜整体受力方向表示　　　　　　图 12-5　阻力系数变化曲线

二、正常运行状态

1. 正常运行风速

　　正常运行风速：定日镜工作风速指当地空旷平坦地面上 10m 高度处 3s 阵风风速，
取值为标准空气密度下的工作风速值 24m/s。对于不同地域，工作风速值按当地空气
密度进行折算。

2. 基本风压

　　当风以一定的速度向前运动遇到阻塞时，将对阻塞物产生压力，压力值随气流
速度的增减而发生相应的增减变化，气流速度和压力值的关系公式称为伯努利
方程：

$$w_0 = \frac{1}{2}\rho v^2 \tag{12-16}$$

式中　w_0——基本风压；

ρ——当地的空气密度值；

υ——正常运行状态风速。

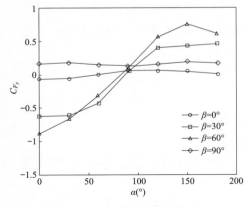

图 12-6　升力系数变化曲线　　　　图 12-7　基底倾覆力矩系数变化曲线

因此可以根据正常运行状态风速计算得到当地的基本风压值。

3. 正常运行状态的计算工况

定日镜在运行过程中通过控制系统调整其俯仰角和水平方向，以确保运行过程中太阳反射光能准确地投向目标点。

对定日镜正常运行状态的受力分析，需要选取最不利的受风角度工况和典型角度工况作为计算工况，进行计算分析。运行过程中的最不利的受风角度工况也就是定日镜承受了最大风荷载作用时所对应的俯仰角度和水平风向角度，包括最大阻力对应角度、最大升力对应角度、最大基底倾覆力矩对应角度和最大转轴扭转力矩对应角度，通过风洞试验所得到的最不利受风角度及荷载系数见表 12-1。运行过程中的典型角度工况也就是定日镜迎风的典型角度，包括 $\alpha=0°$，$\beta=0°$、$\alpha=0°$，$\beta=30°$、$\alpha=0°$，$\beta=60°$、$\alpha=60°$，$\beta=0°$、$\alpha=60°$，$\beta=30°$、$\alpha=60°$，$\beta=60°$。

表 12-1　　　　　　　　　　　　最不利受风角度及荷载系数

最不利工况	最大阻力	最大升力	最大基底倾覆力矩	最大转轴扭转力矩
水平风向角 α	0	0	0	0
俯仰角 β	0	60	0	60
荷载系数值	1.4	0.9	1.6	0.26

4. 正常运行状态的计算分析

针对最不利的受风角度工况和典型角度工况，将式（12-11）和式（12-12）计算得到的镜面分区域的设计风压标准值，分区域地施加在定日镜有限元模型上，计算风荷载作用下的镜面变形和定日镜各个构件的应力，进行力学校核分析。

三、极限破坏状态

1. 极限破坏风速

极限破坏风速：定日镜最大风速指当地空旷平坦地面上 10m 高度处 10min 区间内

的平均风速，取值为标准空气密度下的遭遇当地 50 年一遇的最大风速值。对于不同地域，最大风速值应按当地空气密度进行折算。

2. 极限破坏状态的计算工况

当环境风速超过定日镜工作运行风速时，需要通过控制系统调整其俯仰角和水平方向，使其运行到停放状态的角度，用以抵抗强风作用，并且要保证在停放状态角度下的定日镜能够在极限破坏风速下不发生构件破坏或整体倒塌。

对定日镜极限破坏状态的受力分析，需要选取停放状态角度，即在此角度下的定日镜承受了最小的风荷载作用。通过风洞试验分析，认为当定日镜俯仰角度为 90° 时，即反射镜面与地面方向平行时，定日镜整体受到了最小的风荷载作用。因此选取此角度为停放状态角度。通过风洞试验所得到的停放状态角度及荷载系数见表 12-2。

表 12-2　　　　　　　　停放状态角度及荷载系数（$\alpha = 0°$，$\beta = 90°$）

荷载系数	C_{F_x}	C_{F_y}	C_{M_z}	$C_{M_{tip}}$
停放状态荷载系数值	0.217	0.161	0.356	0.088

3. 极限破坏状态的计算分析

针对停放角度工况，将式（12-11）和式（12-12）计算得到的镜面分区域的设计风压标准值，分区域地施加在定日镜有限元模型上，计算风荷载作用下的镜面变形和定日镜各个构件的应力，进行力学校核分析。具体计算过程见框图 12-8 所示。

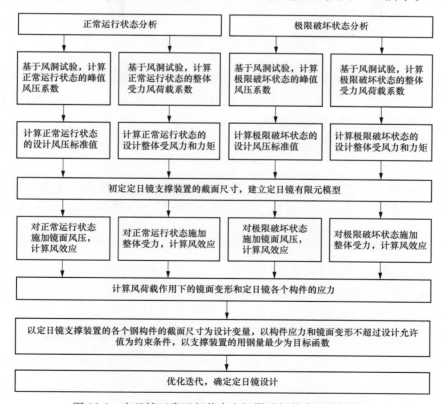

图 12-8　定日镜正常运行状态和极限破坏状态的计算框图

第三节 定日镜风振变形

以某定日镜为算例，进行风振变形的有限元计算分析。

单台反射镜面积 $100m^2$，反射镜单元尺寸为 $1.25m \times 1.25m$，由 64 面反射镜单元呈 8 行 $\times$ 8 列的布局方式，为了安装调整方便，每个反射镜单元之间的缝隙为 40mm，每个反射镜单元的背面采用单独的支撑调型结构设计，整个定日镜支架为"立柱＋横轴＋反射镜支架"形式，横轴与减速机（传动装置）组装为一体，其中减速机正位于横轴与立柱的交接位置处；反射镜支架为桁架结构，主要由空间桁架模块、平面桁架模块和斜支撑三部分组成，定日镜的有限元模型如图 12-9 所示。

图 12-9　某定日镜有限元模型

表 12-3 所示为不同俯仰角度下的大汉定日镜的自振频率，它的风荷载激励方向的二阶频率为 4.3Hz，大于脉动风频率，所以脉动风引起的共振响应分量占比较小，定日镜的振动主要为脉动风的背景响应。

表 12-3　　　　　　　　　　大汉定日镜的自振频率　　　　　　　　　　（Hz）

俯仰角度	一阶频率	二阶频率	三阶频率	四阶频率	五阶频率	六阶频率	七阶频率	八阶频率
$\beta = 90°$	3.6	4.3	4.7	5.6	6.9	7.8	9.2	9.8

对正常运行状态的定日镜进行风振变形分析，将镜面分区域的设计风压标准值，分区域地施加在定日镜有限元模型上，分析 14m/s 工作风速下的定日镜风振变形，反射镜面风振变形等高线图如图 12-10 所示。

对停放状态的定日镜进行结构强度分析，将镜面分区域的设计风压标准值，分区域地施加在定日镜有限元模型上，分析 32m/s 工作风速下的定日镜构件应力，如图 12-11 所示。

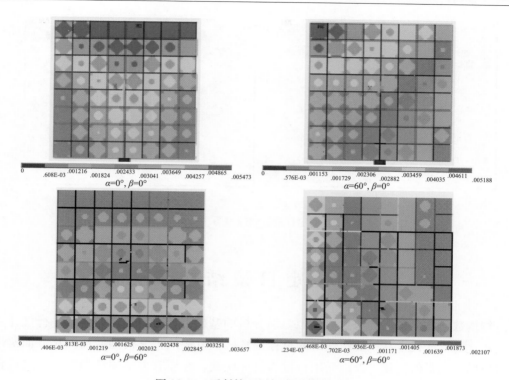

图 12-10　反射镜面风振变形等高线图

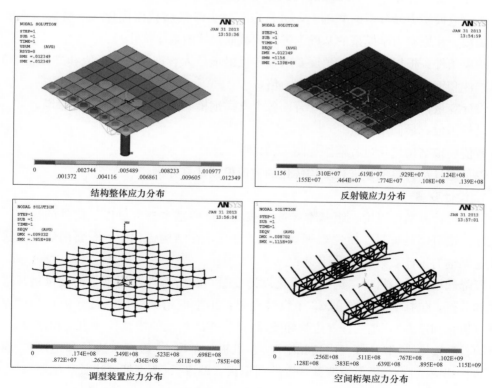

图 12-11　停放状态的定日镜等效应力图（$\alpha=0°$，$\beta=90°$）（一）

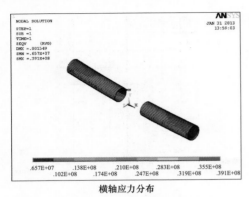
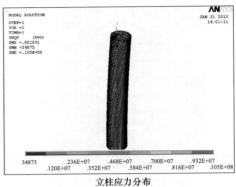

横轴应力分布　　　　　　　　　　　　立柱应力分布

图 12-11　停放状态的定日镜等效应力图（$\alpha=0°$，$\beta=90°$）（二）

第四节　定日镜结构优化

结构数值优化是在结构数值模拟力学分析的基础上，限定约束条件，进行设计变量的最优力学迭代运算，实现预定的目标函数。本节将从力学模型截面优化方面实现定日镜结构的数值优化，以最低用钢量为目标函数，在原有力学模型的基础上进行钢截面尺寸的最小优化。

在数值模拟力学分析的基础上，进行定日镜力学模型截面优化（以最低用钢量为目标函数，在原有力学模型的基础上进行钢截面尺寸的最小优化）。

约束条件：根据光学偏转角度要求推导反射镜最大容许风致变形值和立柱变形值、玻璃构件和钢构件的最大容许风致应力值。

设计变量：立柱高度和壁厚、背面各个支撑钢桁架的截面尺寸、横轴壁厚。

目标函数：最低用钢量。

数值模拟结构优化过程框图如图 12-12 所示。

以某定日镜为算例，进行结构优化的数值模拟计算分析。

1. 设计变量

一个设计方案可以用一组基本参数来表示。这些基本参数可以是构件的长度、截面尺寸，也可以是重量、惯性矩等物理量。总之，在结构优化中，需要用优化方法进行优化调整的设计参数称为设计变量。

以降低用钢量为目标，选择并优化设计变量，将所有涉及用钢量的变量指标进行归类和分析，包括五种构件的 22 个设计变量：①平面桁架的横弦杆（边长和壁厚）、腹杆（边长和壁厚）、竖弦杆（边长和壁厚）；②空间桁架的横弦杆（边长和壁厚）、斜杆（边长和壁厚）、竖弦杆（边长和壁厚）、盖板（壁厚）、腹杆（边长和壁厚）、斜腹杆（边长和壁厚）；③反射镜调型装置的调型板（壁厚）、调型杆（边长和壁厚）；④横轴（壁厚）；⑤立柱（壁厚）。

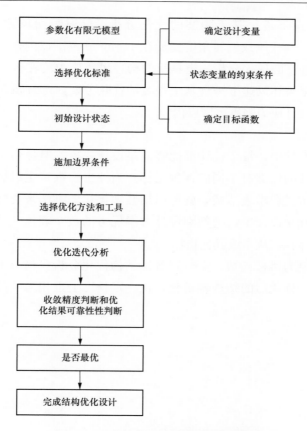

图 12-12　数值模拟结构优化过程框图

　　对优化设计变量的要求为：最终优化设计选用的空心方管截面为 2～3 种，从而确保方管分类和加工的快速，确保施工安装的快速；最终优化设计选用的空心方管和圆管应符合实际工程中的常规规格表，并能确保施工的常规安装。

　　2. 状态变量约束条件

　　一个可行设计必须是满足设计要求的设计。设计要求就是设计必须满足的限制条件，这些限制条件称作约束条件，简称约束，并分为性能约束和几何约束两类。

　　（1）性能约束主要包括应力约束、位移约束和动态特性约束。应力约束是在规定的荷载条件下，结构的应力（包括屈曲应力）不能大于许用应力。位移约束是在规定的荷载条件下，结构的变形不能大于许用变形。动态特性约束是为了避免结构发生共振等动态特性方面的要求，比如结构的自振频率不能大于或小于某一指定值，或限制在某一指定区间。

　　（2）几何约束一般指对设计变量的直接或间接限制。几何约束条件可以是不等式形式，也可以是等式形式，比如设计变量代表一块板的厚度，要求该板的厚度为常数，或要求该板的厚度在某一区间范围。另外，在设计中有时候还要求两个或多个设计变量之间满足一定的关系要求。

　　将优化约束条件定为三方面，分别进行三种约束条件下的优化分析，包括：①定日镜在正常工作风速下进行基于刚度的优化分析，反射镜面风致偏转角度变形在 3.6mrad 范围以内，立柱风致偏转角度变形在 1.5mrad 范围以内；②定日镜在正常工作风速下进行基于强度的优化分析，定日镜的构件风致应力均在设计应力强度范围以内；③定日镜在极限破坏风速下进行基于强度的优化分析，定日镜在停放姿态角下的构件风致应力均在设计应力强度范围以内。

3. 目标函数

在所有的可行设计中，每个设计都能够满足设计要求，但是相比之下它们有优劣之分。判别一个设计的优劣有不同的评价指标。当评价标准选定以后，如果能把评价标准用设计变量表示成数学表达式，就可以用数学优化的方法来优化这个函数，以得到更好的设计。在优化设计中，把判别设计方案优劣的数学表达式称为目标函数，可以是结构的质量、体积、成本或其他指标。

以定日镜用钢量为目标函数，进行定日镜结构优化分析，相当于降低支撑结构的用钢量和成本，由于优化后的结构轻量化，在一定程度上也相当于降低了地基和驱动装置的费用。

chapter 13

第十三章

塔式太阳能光热发电站消防设计

太阳能光热发电站投资规模巨大，在电网中的重要性较常规风电、光伏电站要高，如果发生火灾，直接损失和间接损失都很大，在新能源发电占比较大的电网有可能会影响电网的安全。为了确保光热发电站的建设和安全稳定运行，防止或减少火灾危害，保障人民生命财产的安全，做好光热发电站的消防设计是十分必要的。在光热发电站的消防设计中，必须贯彻"预防为主，防消结合"的消防工作方针，从全局出发，针对不同机组、不同类型太阳能光热发电站的特点，结合实际情况，做好电站的消防设计。

对于不同机组、不同类型太阳能光热发电站，需根据其容量大小、储换热介质、储换热容量、辅助燃料系统、所处环境的重要程度和一旦发生火灾所造成的损失等情况综合分析，制定适当的消防设施设计标准，既要做到安全可靠，又要经济合理。除了与常规火电厂相同的发电机组区域，光热发电站发生火灾的主要部位集中在集热系统、储换热系统及辅助燃料系统等地方，特别是以采用熔融盐作为传、储换热介质，以天然气或液化天然气作为辅助燃料的电站，做好以上系统的消防设计对保障光热发电站的安全生产运行至关重要。

第一节　电站的重点防火区域

塔式太阳能光热发电站总体规划设计方案通常包括集热场、发电区和其他设施区。其中集热场包括定日镜场和吸热塔，发电区包括储换热区、蒸汽发生器区、主厂房区、配电装置区等，其他设施区包括辅助燃料区、辅助及附属生产区等。与常规火力发电厂相比，光热发电站具有以下特点：

（1）占地面积大，尤其是定日镜场约占到站区面积的95%以上；

（2）站区建（构）筑物的数量较多；

（3）传热、储换热系统复杂；

（4）辅助燃料区的火灾危险性大。

同时光热电站在运行操作方式、一些建（构）筑物火灾危险性确定方面与常规火力发电厂也存在较大差别，因此有必要在设计、建设、运行过程中，划分出电站的重点防火区域，对于需要特别注意防火的区域，突出防火重点，做到火灾时能有效控制火灾范围，有效控制易燃、易爆建筑物，保证电站关键部位的建（构）筑物及设备和生产人员的安全，减少火灾损失。

按照电站各区域包含建（构）筑物的重要性、运行操作方式和火灾危险性分类，根据 GB 50016—2014《建筑设计防火规范》、GB 50229—2006《火力发电厂与变电站设计防火规范》，对电站的重点防火区域建议按表 13-1 进行划分。

表 13-1   重点防火区域及区域内的主要建（构）筑物

重点防火区域	区域内主要建（构）筑物
主厂房	包括汽机房、除氧间、靠近汽机房的各类油浸变压器、集中控制室
启动锅炉房	启动锅炉
熔融盐加热区	熔融盐初熔加热炉、防凝加热炉
配电装置区	配电装置的带油电气设备、网络控制楼或继电器室
辅助燃料储存区	天然气调压站、液化石油气储罐
消防水泵房区	消防水泵房、蓄水池（罐）

由于目前我国的光热发电站建设尚处于起步阶段，重点防火区域的划分由现阶段光热发电站的技术经济、设备及工艺方案、运行管理水平、以及火灾的救援能力等因素决定，随着上述各方面的发展，也会产生相应变化。

第二节　电站的特殊消防分析

对塔式太阳能光热发电站集热场区域、储换热区域、辅助燃料系统的特殊消防进行重点分析研究，对于主厂房、配电装置区、常规的辅助及附属生产系统等不再做专门分析。

一、集热场区域消防防火分析

集热场是将太阳能聚集并转化为热能的系统，塔式太阳能光热发电站聚光系统主要由数以万计带有太阳追踪系统的镜面（定日镜）和一座（或数座）吸热塔构成。

（一）定日镜场

定日镜场主要由多台定日镜组成，定日镜是以机械驱动方式使太阳辐射恒定地朝一个方向汇集的反射器。定日镜属于露天支架（钢或钢-混凝土结构）构筑物，根据工艺性质，可能发生火灾的主要部位在于定日镜驱动装置的电缆、润滑油以及场区电缆沟内的电缆等，其火灾危险性很小，根据 GB 50016—2014《建筑设计防火规范》，确定其火灾危险性为戊类，耐火等级二级。

对于整个定日镜场，由于定日镜场占地面积大，可燃物主要是定日镜转动机构的润滑油及电气控制线缆等，不适合采用水消防，当发生火灾时可采用消防车及移动灭火器进行扑救。同时根据 DL 5027—2015《电力设备典型消防规程》有关规定，在定日镜场内分区集中布置移动灭火器（箱）、消防砂箱等消防设施以应对可能的火灾危情。

（二）吸热塔

塔式太阳能光热发电站吸热器系统是由吸热器、泵或风机、传热介质、吸热器进出口阀门、热工仪表和安全防护设备等组成的，将太阳辐射能转化为热能的系统。而传热介质是将太阳能转变为热能的关键，目前塔式太阳能光热发电站常用的传热介质主要有水/蒸汽、熔融盐和空气，其中采用熔融盐作为传热介质已经逐渐成为主流，本章主要对采用熔融盐作为传热介质的吸热塔进行研究。

1. 吸热塔的火灾危险性分析

吸热器是塔式太阳能光热发电系统最关键的部件，它将定日镜场聚集的太阳直接辐射用来加热布置在吸热器内壁上吸热管内的传热介质，使之产生高品位能量的流体（温度、压力），以此来吸收和转换定日镜场聚集过来的太阳直接辐射能。由于聚集过来的太阳直接辐射在时间和空间分布的不均匀性，有可能使吸热器表面局部聚光温度达到1000℃以上，从而导致吸热器爆管或融化，引起严重的事故，危及电站的安全运行。

吸热塔（吸热器支撑塔）是用于将吸热器承载在一定高度的构筑物。结构型式主要有钢、混凝土或钢-混凝土，其高度从几十米至上百米不等。吸热塔属于高层塔架构筑物，根据其重要性、工艺布置和火灾危险性，其与火力发电厂主厂房（锅炉房）、烟囱的火灾危险性同等，按照 GB 50016—2014《建筑设计防火规范》及 GB 50229—2006《火力发电厂与变电站设计防火规范》的火灾危险性分类，确定其火灾危险性为丁类，耐火等级二级。

2. 吸热塔的安全疏散及建筑构造

（1）吸热塔的安全疏散。

吸热塔属于高层塔架构筑物，其高度从几十米至上百米不等。构筑物虽然很高，但在正常运行情况下塔内一般不设运行人员，建筑内可燃装饰材料很少，根据其工艺布置及运行要求，为满足人员竖向疏散及救援人员的进入，吸热塔至少设置一部净宽不小于0.90m 的楼梯，梯段倾斜角度不应大于60°，栏杆高度不小于1.10m，楼梯投影范围内不应布置与楼梯无关的管线；当采用封闭式吸热塔时，至少设置一部封闭楼梯间，梯段净宽不小于1.1m，倾斜角度不应大于35°。

根据 GB 50016—2014《建筑设计防火规范》7.3.3 条"建筑高度大于32m 且设置电梯的高层厂房（仓库），每个防火分区内宜设置1台消防电梯，但符合下列条件的建筑可不设置消防电梯：1 建筑高度大于32m 且设置电梯，任一层工作平台上的人数不超过2人的高层塔架；2 局部建筑高度大于32m，且局部高出部分的每层建筑面积不大于50m² 的丁、戊类厂房"，以及其条文说明"本条规定建筑高度大于32m 且设置电梯的高层厂房（仓库）应设消防电梯，且尽量每个防火分区均设置。对于高层塔架或局部区域较高的厂房，由于面积和火灾危险性小，也可以考虑不设置消防电梯"的要求，电站吸热塔在正常运行情况下无人值守，其建筑面积不大且火灾危险性小，因此可不设置消防电梯。

但对于建设单位对吸热塔有运行值守、观光及美化等特殊要求，当工作层要求有人（2人及以上）值守要求，或每层建筑面积要求大于50m² 时，考虑到发生火灾时人员逃生的难易程度，依据 GB 50016—2014《建筑设计防火规范》的要求应设置消防电梯；符合消防电梯要求的客梯或货梯可兼作消防电梯。

（2）吸热塔的建筑构造。

由于定日镜的反射光和吸热器的集中光束会形成一个温度很高的光斑，在运行或操作过程中，可能会出现偏离靶区的情况，辐射热高温会对吸热器周边建筑构件造成破坏。

根据 GB 50229—2006《火力发电厂与变电站设计防火规范》5.3.13 条"发电厂建筑中二级耐火等级的丁、戊类厂（库）房的柱、梁均可采用无保护层的金属结构，但使用甲、乙、丙类液体或可燃气体的部位，应采用防火保护措施"和 GB 50414—2007《钢铁冶金企业设计防火规范》3.0.3 条"单层丁、戊类主厂房的承重构件可采用无防火保护的金属结构，其中能受到甲、乙、丙类液体或可燃气体火焰影响的部位，或生产时辐射热温度高于 200℃ 的部位，应采取防火隔热保护措施"的要求，对于采用钢结构的吸热塔，对于靠近靶区和吸热器的结构构件，应采取防火隔热保护措施，需能耐受 200℃，以防止聚光光斑烧毁吸热塔；对于腔式吸热器，在其四周设置保温材料，保温材料应有较高的耐火性和耐高温性能，燃点不应低于 900℃，并且在高温时不分解和散发有毒气体；对于外置式吸热器，在其上下部分设置耐火和保温材料，防止吸热器塔结构受损。

二、传、储换热区域消防设计防火分析

传、储换热系统是光热发电核心技术之一，是发电设备高效、稳定、安全运行的关键。塔式太阳能光热发电站传、储换热系统是将吸热器输出的热量进行传输、存储和利用的系统，通常由传、储热介质、储热容器、动力系统、压力保护系统、辅助加热器和保温系统等组成。

塔式太阳能光热发电站传、储换热介质是根据介质热物性、电站运行模式、热储能发电小时数、介质使用温度范围、汽轮机组热效率、储热—放热热效率、储热系统可用率等因素确定。在商业化塔式太阳能光热发电站中储热系统有使用熔融盐为传、储热介质的储热系统和直接进行水蒸气蓄取的蒸汽储热系统，而使用熔融盐为传、储换热介质是目前技术最成熟、应用最广泛的储热方式，本文仅对以采用熔融盐作为塔式太阳能光热发电站传、储换热介质的消防设计防火进行研究。

熔融盐是盐的熔融态液体，通常说的熔融盐是指无机盐的熔融体。形成熔融态的无机盐其固态大部分为离子晶体，在高温下熔化后形成离子熔体，因此最常见的熔融盐是由碱金属或碱土金属与卤化物、硅酸盐、碳酸盐、硝酸盐以及磷酸盐组成。目前太阳能光热发电站中的熔融盐普遍采用二元盐和三元盐，其中二元盐为 60% 的硝酸钠（$NaNO_3$）和 40% 的硝酸钾（KNO_3）混合物，三元盐为 53% 硝酸钾（KNO_3）＋40% 亚硝酸钠（$NaNO_2$）＋7% 硝酸钠（$NaNO_3$）组成的混合硝酸盐。

（一）熔融盐的火灾危险性分析

1. 单体固态熔融盐的火灾危险性分析

单体硝酸钠（$NaNO_3$）的物理性质：熔点 306.8℃，沸点 380℃ 分解，不可燃，密度为 2.257g/cm³（20℃ 时），为无色透明或白微带黄色菱形晶体。硝酸钠（$NaNO_3$）易溶于水和液氨，微溶于甘油和乙醇中，易潮解，特别在含有极少量氯化钠杂质时，硝酸钠（$NaNO_3$）潮解性大为增加，当溶解于水时其溶液温度降低，溶液呈中性；在加热时，硝酸钠（$NaNO_3$）易分解成亚硝酸钠（$NaNO_2$）和氧气；与盐类能起复分解作用；硝酸钠（$NaNO_3$）可助燃，有氧化性，与木屑、布、油类等有机物摩擦或撞击

能引起燃烧或爆炸；有刺激性，毒性很小，但对人体有危害。

单体硝酸钾（KNO₃）的物理性质：熔点 334℃，沸点 400℃，密度为 2.109g/cm³，为无色透明棱柱状或白色颗粒或结晶性粉末。味辛辣而咸有凉感；微潮解，潮解性比硝酸钠微小；易溶于水，不溶于无水乙醇、乙醚，溶于水时吸热，溶液温度降低；可参与氧化还原反应；酸性环境下具有氧化性；加热分解生成氧气；与有机物、磷、硫接触或撞击加热能引起燃烧和爆炸；具刺激性。

GB 50016—2014《建筑设计防火规范》表 3.1.1 "生产的火灾危险性类别"中"受撞击、摩擦或与氧化剂、有机物接触时能引起燃烧或爆炸的物质"为甲类，表 3.1.1 "储存物品的火灾危险性类别"中"受撞击、摩擦或与氧化剂、有机物接触时能引起燃烧或爆炸的物质"为甲类；以及 GB 50160—2008《石油化工企业设计防火规范》3.0.3 条文说明中"硝酸钾、硝酸钠的火灾危险性类别为甲类"。

国家安全监管总局会同国务院相关部门制定的《危险化学品目录（2015 版）》，将硝酸钾（序号：2303，CAS 号：7757-79-1）、硝酸钠（序号：2311，CAS 号：7631-99-4）列为氧化物和有机过氧化物类别的氧化物项。

综上所述，当电站采用的熔融盐成分为硝酸钠（NaNO₃）、硝酸钾（KNO₃）且处于单成分固态时，其火灾危险性类别为甲类。

2. 熔融态熔融盐的火灾危险性分析

熔融态的熔融盐其固态大部分为离子晶体，在高温下熔化后形成离子熔体，具有高温稳定性，在较宽范围内的低蒸汽压、低黏度、高热稳定性、高对流传热系数、传热性能好。

如前所述，目前太阳能光热发电站中的熔融盐普遍采用的二元盐是 60％的硝酸钠（NaNO₃）和 40％的硝酸钾（KNO₃）混合物；三元盐是 53％硝酸钾（KNO₃）+40％亚硝酸钠（NaNO₂）+7％硝酸钠（NaNO₃）组成的混合硝酸盐。二元盐、三元盐的特性如表 13-2 所示。

表 13-2　　　　　　　　　　　　二元盐、三元盐特性表

序号	内容	单位	二元盐	三元盐
1	主要成分		40％KNO₃，60％NaNO₃	53％KNO₃，7％NaNO₃，40％NaNO₂
2	工作温度	℃	220～600	160～550
3	熔点	℃	220	160
4	运动黏度	mm²/s（300℃）	0.81～0.84	0.79～0.82
5	液态比热容	kJ/(kg·K)	1.46	1.55
6	密度	kg/cm³	1899（300℃）	1938（150℃）
7	导热系数	W/(m·K)	0.52	0.50

电站采用硝酸钠（NaNO₃）、硝酸钾（KNO₃）或其他盐类的混合体作为熔融盐传、储换热介质，不论二元盐还是三元盐，其组成成分经高温加热成液态后，其成分都会发生变化，形成一种新型混合共晶熔融盐物质。目前国内的部分专业人士和熔融盐厂家认为熔融态的熔融盐其物理和化学性质是稳定的，其熔点低，传热效率高、传热稳定；不燃烧，无爆炸危险；高温熔融盐溢出后，在正常大气环境中，很快就会凝固，

基本上不存在火灾危险性。

根据收集到目前国外运行的熔融盐太阳能光热发电站的资料，其熔融盐换热器、熔融盐罐、管道及支撑设施没有采取特殊的防火设计。

综上所述，电站所用的熔融盐不是硝酸钾（KNO_3）单体，也不是硝酸钠（$NaNO_3$）单体，而是二者按照一定比例配制后形成的混合共晶盐，具有高温稳定性，火灾危险性较低，根据 GB 50016—2014《建筑设计防火规范》中 3.1.1、3.1.3 条判别，其火灾危险性类别为戊类。

（二）传、储换热系统建（构）筑物的火灾危险性分析

根据电站熔融盐传、储换热系统的操作条件、工艺性质，其火灾危险性很小，高温熔融盐少量溢出或泄漏后，冷却过程中会产生一定辐射热，存在一定的火灾危险性，但依据现行国家标准 GB 50016—2014《建筑设计防火规范》表 3.1.1 "生产的火灾危险性分类"中常温下使用和加工不燃烧物质的生产为戊类，表 3.1.2 "储存物品的火灾危险性分类"中不燃烧物品为戊类，以及前面的熔融态熔融盐的火灾危险性分类进行判别，采用熔融盐系统的建（构）筑物、熔融盐储罐、换热器设备及管道火灾危险性为戊类，耐火等级为二级。

电站的熔融盐事故泄放池作为熔融盐事故应急措施，泄放量较大，会产生强辐射热，释放大量的热量，可能会引燃本体及周边建筑内的可燃、易燃物，且考虑到单体熔融盐的火灾危险性，对于冷却后的熔融盐处置也存在较大的火灾危险性，依据 GB 50016—2014《建筑设计防火规范》3.1.1、3.1.5 条，根据存储物品的性质、火灾危险性及其数量，相应提高该建（构）筑物的火灾危险性，建议其火灾危险性类别为丙类，耐火等级为二级。

对于电站运行初期固态单体熔融盐的卸料、仓储和熔融盐熔化装置相关的建（构）筑物，按照前节所述以及 GB 50016—2014《建筑设计防火规范》中 3.1.2、3.1.4、3.2.2 及 3.2.7 条规定进行判别，其火灾危险性为甲类，耐火等级不低于二级。

（三）传、储换热区域消防防火措施

1. 传、储换热介质的消防防火措施

硝酸钠（NaNO3）、硝酸钾（KNO_3）主要的危险性：对皮肤、黏膜有刺激性；具有强氧化性，遇可燃物着火时，能助长火势；与有机物或磷、硫接触，摩擦或撞击能引起燃烧和爆炸。

在固态单体盐储存、运输及生产运行的全过程中，严禁与还原性物质、有机化合物等接触；由于熔融盐遇水存在蒸汽爆炸的危险性，不应使用水作为熔融盐火灾的灭火剂，泡沫属于有机化合物也不适合用于熔融盐系统的灭火剂。根据 GB 50160—2008《石油化工企业设计防火规范》，对于化工产品类的火灾推荐使用干粉灭火剂。

灭火时，消防人员应佩戴防毒面具、穿全身消防服，在上风向灭火，采用干粉灭火剂及沙土。不可将水流直接射至熔融物，以免引起严重的流淌火灾或引起剧烈的沸溅。

2. 熔融盐储罐区的消防防火措施

储热系统是用来储存集热场收集的过剩热能，由熔融盐罐、熔融盐泵和管道构成一个封闭的系统。目前，冷热双罐式的储热系统是太阳能光热发电站最成熟的储热系统，与其他技术路线相比，双罐式系统的运行和建造经验最为丰富。

熔融盐储罐通常应留有一定的安全空间，以便能承受较高的剩余压力；储罐内熔融盐流动性好，对基础及管壁无附加压力；罐体材料可根据储热介质的特性和温度进行选择；罐壁厚度根据设计压力、设计温度确定，还应考虑使用年限和腐蚀速率；设计中应保证罐体内熔融盐温度场能够分布均匀，避免罐内出现温度分布不均，引起熔融盐局部凝结和大的应力集中，以保证熔融盐罐运行安全稳定。

由于储换热系统操作的不确定性以及熔融盐的特性等问题，熔融盐储罐在运行中可能会出现罐内温度分布不均引起熔融盐局部凝结和大的应力集中，破坏储罐罐体结构，发生熔融盐溢流泄漏，影响电站安全运行。因此，熔融盐储罐区应布置在独立区域，并作为重点防火区域；在熔融盐储罐区四周应设置不燃性实体防护堤，防护堤高度不小于1m，防护堤内有效容积不应小于堤内最大单罐容量，以采取防止高温液体溢流泄漏。

3. 储换热区的其他消防防火措施

对于采用阶梯式布置的电站，储换热区应尽量布置在较低的同一台阶上，台阶间应采取防止高温液体漫流泄漏的措施；在加强防护堤或另外增设其他可靠的防火措施后，储换热区也可布置在较高的台阶上。

储罐的基础通常可采用圆板式钢筋混凝土基础或大块式钢筋混凝土基础，混凝土采用耐热混凝土，同时要考虑保温隔热措施；熔融盐溢出后，在正常大气环境中很快就会凝固，但考虑到熔融盐火灾危险性的不确定性以及高温热辐射的影响，储罐及周边区域应保持干燥，不布置给排水管道、电气电缆以及其他可燃材料。

建议在储换热区设置火灾报警系统及必要的视频监视探头，并纳入全厂火灾报警系统；设置与运行相适应的消防设施，配备防毒面罩、正压式空气呼吸器、隔热服、防护眼镜、手套等个人防护用品，供专职消防人员和岗位操作人员使用。

三、辅助燃料系统的消防设计

光热发电站的熔融盐初始熔化设备、机组启动及寒冷地区冬季站区采暖等需要设置辅助加热系统；在恶劣条件集热场长期不运行时，也需要辅助燃料锅炉投运进行防凝。根据《太阳能热发电示范项目技术规范（试行）》中对辅助燃料的要求，光热项目的辅助燃料应选择天然气或燃油作为燃料，若示范工程附近有其他热源，可就近引接。通常可选择的辅助燃料主要有天然气、液化天然气、液化石油气及燃油，综合考虑燃料来源、运行成本及大气排放标准等因素，本文仅对采用天然气、液化天然气作为辅助燃料的光热发电站消防设计进行分析。天然气、液化天然气作为优质、洁净的燃料，燃烧仅会产生少量的NO_x，满足直接排放的要求，对大气环境的影响很小，环境效益明显；天然气通常采用管道输送、液化天然气采用LNG罐车运送储备的模式服务于光热发电站。

光热发电站的辅助加热系统主要包括辅助燃料锅炉、辅助加热燃料储存设施（天然气调压站或液化天然气储罐）及输送设施，依据GB 50016—2018《建筑设计防火规范》表3.1.1判别辅助燃料锅炉的火灾危险性为丁类，耐火等级二级；依据GB 50183—2004

《石油天然气工程设计防火规范》中的附录 A 规定，天然气的火灾危险性为甲$_B$类，液化天然气（LNG）的火灾危险性为甲$_A$类，因此辅助加热燃料储存设施的火灾危险性为甲类。

辅助燃料锅炉、天然气调压站的消防设计应满足 GB 50029—2006《火力发电厂与变电站设计防火规范》的有关内容；液化天然气储罐区的消防设计应满足 GB 50183—2004《石油天然气工程设计防火规范》及 GB 50016—2014《建筑设计防火规范》的有关内容。

四、熔融盐临时储运的消防措施

光热电站的装机容量、储热规模不同，所用的熔融盐数量从几千吨至几万吨不等，按照熔融盐的火灾危险性，一旦发生事故，将造成人身伤亡和经济损失，因此在熔融盐临时储运时应特别注意消防安全。

按照 GB 15603—1995《常用化学品危险品贮存通则》规定，熔融盐应储存于阴凉、通风、干燥的仓库内，仓库应符合 GB 50016—2014《建筑设计防火规范》中规定的甲类仓库要求，每个仓库的最大允许占地面积为 750m^2，不可储存于露天环境。仓库应远离热源、电源、火源及产生火花的环境，防止雨淋、受潮、受热，同时避免阳光直射；应与酸类、有机物、硫黄、金属粉末、纱布、木屑等易燃易爆品、还原物质分开存放，切忌混储；仓库周围无杂草和易燃物；仓库内外配备必要的干粉灭火器、砂箱等消防器材，并定期检查是否齐全有效。

按照 GB 18218—2009《危险化学品重大危险源辨识》规定，当熔融盐储存数量等于或者超过 200t 时，构成重大危险源。建设单位应当将其储存数量、储存地点以及管理人员的情况，报所在地县级人民政府安全生产监督管理部门和公安机关备案。仓库应设置明显的安全警示标志，并写明紧急情况下的应急处置办法；还应有健全的安全管理制度和事故应急预案，建立应急救援组织或者配备应急救援人员，严禁无关人员进入，仓库内严禁烟火。

熔融盐应当委托取得危险货物道路运输许可的企业承运，并按照运输车辆的核定载质量装载，不得超载；运输车辆应当符合国家标准要求的安全技术条件，并按照国家有关规定定期进行安全技术检验；运输车辆应配备相应品种和数量的消防器材。在运输过程中应轻装轻卸、防止撞击，应有遮盖物，防止日晒、雨淋；严禁与酸类、易燃物、有机物、还原剂、自燃物品、遇湿易燃物品等混运。

第三节 电站主要建（构）筑物的防火间距

在消防设计中，影响建筑间防火间距的因素有很多，要综合考虑灭火救援需要、防止火势向邻近建筑蔓延、救援力量及节约用地等因素，而火灾的热辐射作用又是影响确定防火间距的主要方式。

对于光热发电站，根据目前已确定特有建（构）筑物的火灾危险性及耐火等级，结合 GB 50016—2014《建筑设计防火规范》、GB 50229—2006《火力发电厂与变电站设计防火规范》其主要建（构）筑物的防火间距不应小于表 13-3 所示。

表 13-3

电站建（构）筑物之间的防火间距 （m）

建（构）筑物、设备名称		乙类生产建筑 耐火等级 一、二级	丙、丁、戊类建筑 耐火等级		屋外配电装置	天然气调压站	办公、生活建筑（单层或多层）耐火等级		厂外道路（路边）	厂内道路（路边）	
			一、二级	三级			一、二级	三级		主要	次要
乙类生产建筑	耐火等级 一、二级	10	10	12	25	12	25	25			
丙、丁、戊类生产建筑	耐火等级 一、二级	10	10	12	10	12	10	12			
	三级	12	12	14	12	14	12	14			
屋外配电装置		25	10	12	—	25	10	12		—	
主变压器或厂用变压器 单台油量(t)	≥5、≤10	25	12	15	—	25	15	20			
	>10、≤50	25	15	20	—	25	20	25	15	10.	5
	>50	25	20	25	—	25	25	30			
天然气调压站		—	12	14	25	—	25	25			
办公、生活建筑（单层或多层）	耐火等级 一、二级	25	10	12	10	25	6	7			
	三级	25	12	14	12		7	8			

注：1. 防火间距应按相邻两建（构）筑物外墙的最近距离计算，当外墙有凸出的燃烧构件时，应从其凸出部分外缘算起；建（构）筑物与屋外配电装置的防火间距应从构架算起；屋外油浸变压器之间的间距由工艺确定。

2. 表中天然气调压站外轮廓同丙、丁、戊类建（构）筑物的防火间距。

3. 表中办公、生活建筑是指生产行政综合楼、食堂、浴室、宿舍、消防车库、警卫传达室等建筑物。不包括汽机房、屋内配电装置楼、主控制楼及网络控制楼。

对于存储固态单体熔融盐的甲类永久性建筑（仓库），按照 GB 50016—2014《建筑设计防火规范》要求，当储量不大于 10t 时，其与电站内厂房的防火间距不小于 12m；当储量大于 10t 时，其与电站内厂房的防火间距不小于 15m。

第四节　电站消防给水的有关问题

一、站区内同一时间内的火灾次数

GB 50974—2014《消防给水及消火栓系统技术规范》3.3.1 条规定"工厂、仓库、堆场、储罐区或民用建筑的室外消防用水量，应按同一时间内的火灾起数和一起火灾灭火所需室外消防用水量确定同一时间内的火灾起数应符合下列规定：……2 工厂、堆场和储罐区等，当占地面积大于 100hm²，同一时间内的火灾起数应按 2 起确定，工厂、堆场和储罐区应按需水量最大的两座建筑（或堆场、储罐）各计 1 起；……"，目前国内塔式太阳能热发电站单机 50MW 的站区面积不小于 200hm²，站区所属居民区的人口在 1.5 万人以下，按照上述规范的要求，电站同一时间内的火灾起数应按 2 起确定。

按照目前塔式太阳能热发电站总体布置，定日镜场面积占站区总面积的 95％以上，但定日镜场可能发生火灾的主要部位在于定日镜驱动装置的电缆、润滑油以及场区电缆沟内的电缆等，其火灾危险性很小；可能发生火灾的发电区仅占站区总面积的 5％左右，一旦全厂同一时间火灾次数达到 2 次，室外消防用水量将增大，会造成投资、运维过大，如按此配置消防给水系统是不合理的；而且塔式太阳能热电站的建设按以每台机组为 1 个建设单元，目前国内在建的单机最大容量为 100MW 级，考虑到定日镜场的占地规模和火灾危险性，以及配置消防设施的经济性，建议每台机组站区内同一时间内的火灾次数按 1 次计。

为满足电站消防要求，避免投资过大，电站消防设施的规模与系统的布置型式，消防给水系统按机组台数分开设置或合并设置，应经技术经济比较确定。当电站装机 2 台及以上时，总消防供水能力应能满足电站两个发电区内最大建筑（包括设备）同时着火需要的室内外用水量之和。

对于装机数量 2 台及以上电站的消防救援设施，当消防车在 5min 内不能到达其任一台机组火场时，建议按每台机组至少配置 1 辆消防车及配套消防车库，并根据当地消防部门的要求确定是否设置企业消防站。

二、吸热塔的消防给水及消防措施

吸热塔是塔式太阳能电站集热场的组成部分，用于将吸热器承载在一定高度的构筑物，其结构型式主要有钢、混凝土或钢-混凝土，高度从几十米至上百米不等，目前国内中控德令哈 50MW 吸热塔高 200m，首航节能敦煌 100MW 吸热塔高 260m。

根据工艺系统要求，吸热塔主要布置吸热器、熔融盐循环泵、熔融盐输送管道、阀门及其他设备；可燃物较少，火灾危险性较小；正常运行时无人值守，其火灾危险性为丁类，耐火等级二级；运行过程中可能会出现熔融盐泄漏，释放一定热量，但熔融盐遇水存在蒸汽爆炸的危险性，不宜采用水扑灭火灾；吸热塔内无生产、生活给水管道，塔外消防用水取自储水池；因此依据 GB 50016—2014《建筑设计防火规范》8.2.2 条规定，吸热塔可不设室内消防栓给水系统。

但当封闭式吸热塔设置消防电梯，且设置前室时，根据 GB 50974—2014《消防给水及消火栓系统技术规范》7.4.5 条"消防电梯前室应设置室内消火栓，并应计入消火栓使用数量"，7.4.3 条"设置室内消火栓的建筑，包括设备层在内的各层均应设置消火栓"（本条为强制性条文）规定，此时吸热塔应设室内消防栓给水系统。

吸热塔内发生火灾的可能性较小，火灾原因主要集中在运行过程中阀门、管道泄漏的熔融盐产生的辐射热引燃塔内可燃物，而吸热塔通常是无人值守，其一旦发生火灾可能引起蔓延，最终造成整个电站的停运。根据吸热塔的重要性、工艺布置情况、火灾危险性、人员疏散及扑救难度等，在吸热塔内应设置相应的消防设施，在熔融盐输送阀门、管道接头部位、电缆交叉、密集及中间接头部位等处安装悬挂式超细干粉灭火装置；在重要部位设置火灾报警探测器，在重要区域设置工业电视监视系统，增强火灾探测的可靠性，并纳入到全厂火灾报警系统；在塔内工作层、电气设备间等处配置干粉或二氧化碳灭火器；在疏散通道和楼梯间设置事故照明，疏散通道和安全出口设疏散指示标志。

chapter 14

第十四章
塔式太阳能光热发电站
镜场清洗技术

我国光热发电站站址选择主要分布在土地广袤且光资源丰富的西北地区，但由于西北地区风沙大，定日镜表面易产生大量积灰，长期不清洗将影响定日镜反射光能的效率，造成光热发电量下降，严重降低电站的投资收益率。

因此，如何保持镜面经常清洁，目前仍是所有光热电站运营时面临的最大难题之一。解决定日镜积灰问题的一个主要措施是定期进行镜面清洗。目前可采用人工清洗和清洗车清洗等方式，人工水清洗的方式效率很低，高压水枪虽然效率提升了一些，但对于干旱的西北地区，水资源缺乏，大量水冲洗的方式不宜采用，人工成本高，大量水冲洗过后，擦不干净也容易留下污迹影响发电效率。在现有技术条件下，采用合适的清洗方法尤为重要。

第一节 定日镜清洗方式

一、分类

定日镜清洗方式按照工具划分，包括人工清洗方式和机械全自动清洗方式；按照清洗介质划分，主要为水清洗。以下分别对人工清洗和机械全自动清洗方式予以介绍，并针对不同污染物，对选择合适的水等方案进行说明。

1. 人工清洗

人工清洗这是目前使用最广泛的方式，劳动力密集，人员不易管理；人员水平差异导致清洁过程不易控制、清洁效果一致性差；清洗效率低；对定日镜有磨损，影响反光率和寿命。因而，实际光热电站以机械力清洗为主。

2. 机械全自动清洗

机械力清洗是一种成熟可靠的物理清洗方法，通过刷毛的机械作用力，配合清洗介质的作用，使得污物与介质的分离。机械作用力由柔性材料（刷毛）与定日镜表面摩擦产生的摩擦力获得。一般选择水来作为清洗介质，由于西北缺水，为了节约用水，可采用雾化喷头进行雾化喷水，湿润软化定日镜表面覆盖物。

采用全自动设备，微水作业，特殊要求情况下可以无水作业情况，节省清洗成本。清洗机器可靠性，高精度传感器配置等，减少碰伤定日镜事件的发生。自动清洗装置包括自动行进清洗车、自动调整清洗面角度的清洗刷盘、自动进行水流控制的喷水装置、防碰撞装置及与镜场控制系统通信的主控制器和无线通信设备等。

清洗作用力是机械力清洗过程中非常重要的因素，清洗效果在很大程度上取决于清洗作用力的作用强度、作用时间和作用方式，而直接与这些因素相关的就是清洗装置的结构和清洗器的类型，清洗器是直接参与清洗的柔性物质，即刷毛，有三种常见的刷毛形式：盘刷、条刷和滚刷。条刷具有结构紧凑的优点，但是刷毛没有独立的运动，通常需要反复多次清洗才能满足要求，清洗效率一般，清洗效率低；滚刷的清洗能力一致性好，清洗效果好，效率高，合理选择不同的刷毛形式，还可形成刮蹭作用；盘刷的工作面积为圆形区域，边缘的线速度较高，刷毛清洗能力也最强，逐步向圆心递减，所以盘刷的刷毛呈环状分布，中间部分没有刷毛，盘刷虽然清洗一致性差，但是清洗效果较好，清洗效率也较高。

自动行进清洗车与镜面接触的清洗装置安装于自动行进清洗车上，由清洗车带动在镜场中移动。自动行进清洗车在镜场中的运动采用自动循迹技术。

自动调整清洗面角度是利用推杆对刷盘所在平面的上下 2 个边的长度进行调节，实现清洗面与镜面的平行推杆调节的长度，由清洗车与镜面的距离确定。

自动进行水流控制的喷水装置洗装置将开启水流控制的喷水装置，以提高镜面的清洗效果。

清洗装置中的防碰撞装置是为了防止异常情况下清洗车碰撞定日镜现象的发生。当清洗车换向装置异常、定日镜未转动到预定的清洗角度或其他异常情况时，清洗车若仍按照预定的轨迹行进时，就有可能撞到定日镜。

清洗装置与镜场间的无线通信采用 WiFi 通信。在镜场控制室及清洗车上分别安装无线 AP 设备。清洗车将通过卫星定位得到的当前清洗位置经由无线网络通知控制室的控制系统，控制室内的镜场控制系统自动将已清洗完成的定日镜配置为正常运营状态，提高镜场定日镜的利用率。

二、清洗方案选择

1. 水清洗

水经过加压喷水嘴之后形成水汽混合物，将定日镜表面尘土冲洗干净。由于此种清洁效果彻底，机动性强，因此被很多光热电站广泛采用。

2. 清洗方法

实际光热电站的清洗一般以水洗为主，反射镜的反射比要求上，按照 GB/T 30984.3—2016《太阳能用玻璃 第 3 部分：玻璃反射镜》的规定，镀银玻璃反射镜的太阳光半球反射比应不小于 92.5%，镀银玻璃反射镜镜面反射比（660nm）应不小于 93%。方法上，一般根据污染物情况进行如下选择：

（1）污垢较多，采用高压水清洗，用水量大，例如水资源丰富地区可用高压水枪清洗；污垢较多时，也可以采用清洗剂清洗。

（2）一般污垢，采用中压清洗，用水量中等。

（3）污垢较轻，采用低压雾状清洗，结合特制的软毛刷，也可清洗污垢较重，用水少，适合干旱缺水地区。

第二节　清洗水和清洗设备的要求

一、清洗水的要求

1. 对清洗水要求

定日镜清洁用水使用前应进行外观检，外观应清澈透明，无异味，不含有肉眼可见物。防止定日镜清洁后，表面出现碱化、结垢等二次污染。不合格的水未经处理不得使用。

2. 清洗水的选择

定日镜清洗水一般采用软化水、反渗透产水或除盐水，其选择主要结合光热电站的水处理工艺布置，并综合考虑技术经济性确定。目前塔式太阳能光热发电站水处理系统多采用反渗透产水或除盐水。

二、清洗批次与水处理系统的关系

由于定日镜的数量庞大，一个班次的清洗能力有限，一个运行班次不可能完成对所有定日镜清洗一遍，所以要完成定日镜的一个清洗周期，需要按每个班次的清洗能力将全部定日镜分成一定数量的批次进行清洗，故清洗水处理系统容量的设置与清洗批次有关。

当清洗水采用反渗透产水或除盐水时，清洗水处理系统和除盐水处理系统宜合并设置。当清洗水处理系统和除盐水处理系统合并设置时，应增加相关的除盐水处理系统设备容量，且增加的系统出力应能在定日镜 2 个清洗批次的时间间隔内累积 1 个清洗批次的清洗耗水量；增加的水箱容积应能满足定日镜一个清洗批次的清洗耗水量。

三、清洗设备的要求

对于清洗设备的开发与选型设计，一般考虑如下事项：

（1）满足功能性要求。设备应能够满足执行构件所需的运动要求，符合要求的传动性能和足够的动力性能；为简化结构组成和提高其运动性能，部件的选取要合理可靠；具有足够的安全性能。

（2）有利于标准化、模块化。虽然清洗装置是一种新型机构，但其中一些构件应该采用标准的产品或模块，不仅降低成本，还提高系统的可靠性，易于维护。

（3）尺度匹配性。清洗装置的尺寸和运动空间应该和实际工作环境能够匹配。同时，确保安全、可靠。

（4）工作高效、实用，注重清洗装置的实用性。

（5）有利于实现自动化。由于清洗的频率高，数量大，依靠人驾驶清洗机器人往往不仅增加了运维人员数量和成本，同时也带来了安全性问题，容易损坏反射镜。因此设计自动驾驶、自动清洗的设备对清洗装置来说意义重大。

第三节　定日镜清洗设备案例

浙江中控太阳能技术有限公司设计了一种应用于塔式太阳能光热发电镜场的定日镜清洗设备。该定日镜清洗设备具备自动循迹、根据镜面自动调整清洗面角度、自动进行清洗水流控制的功能，并采用无线通信技术实现清洗设备与镜场控制系统间的信息交互，保证清洗完毕的定日镜立即恢复为正常运营状态，尽量减少镜场能量损失。通过实际测试，该清洗系统能够有效地实现预定的控制功能和清洗功能，其清洗设备通过一次清洗可将镜面反射比从 0.85 提高到 0.95。定日镜清洗设备包括自动行进清洗车、自动调整清洗面角度的清洗刷盘、自动进行水流控制的喷水装置、防碰撞装置及与镜场控制系统通信的主控制器和无线通信设备等。整个清洗设备示意图见图 14-1 和图 14-2。

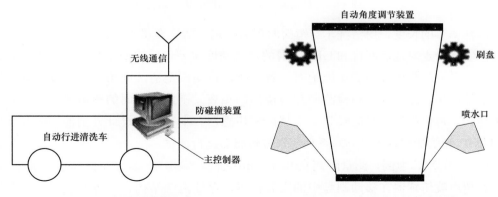

图 14-1　自动行进清洗车　　　　　图 14-2　清洗刷盘和喷水装置

1. 自动行进清洗车

该定日镜清洗设备，包含自动行进清洗车。与镜面接触的清洗设备安装与自动行进清洗车上，由清洗车带动在镜场中移动。自动行进清洗车在镜场中的运动采用自动循迹技术。常见的自动循迹技术包括：光电循迹、电磁循迹和图像循迹。由于太阳能光热发电镜场的定日镜安装与野外，且占地面积大，不具备光电循迹的条件；而电磁循迹需要在镜场内敷设额外的导线，会增加施工成本；而图像循迹的方式，需要采用视频图像处理，镜场内大量的竖起的定日镜，会加大视频成像处理的难度。所以常见的处理方式，都不能满足现场的需求。本文设计的自动行进清洗车采用卫星定位循迹的方式。一般的标准卫星定位服务，其定位精度只有 10m，特殊应用的卫星定位精度也只能达到 0.3～0.5m，不能满足清洗时清洗装置和镜面的距离要求。为此，需在镜场中在安装 1 个卫星基站，采用差分技术，从而提高清洗车的定位精度至 0.1m。自动行进清洗车的车头部分安装有主控制器，本文所述方案中的主控制器采用基于 ARM7 内核的芯片设计实现的。为适应更广泛的应用，主控制器也可以选择工控机替代，则可以实现其他的定位和移动控制需求。

2. 自动调整清洗面角度的清洗刷盘

自动调整清洗面角度是利用推杆对刷盘所在平面的上下 2 个边的长度进行调节，实现清洗面与镜面的平行，见图 14-3。

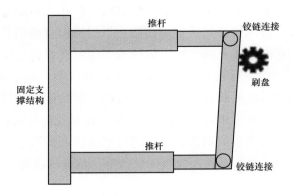

图 14-3　自动调整清洗面角度的机械结构

推杆调节的长度，由清洗车与镜面的距离确定。清洗车虽然采用了精确的 GPS 定位，但实际行走时地面起伏和 GPS 本身的定位精度误差，使清洗车在清洗每面定日镜时，与定日镜的距离并不能保证绝对一致。所以自动调整清洗面角度的刷盘还起到距离调节的作用，这需要准确检测刷盘与镜面的距离。刷盘与镜面的距离测量采用超声波传感器，每个推杆需对应安装 1 个超声波传感器。本文中的设计分别使用了邦纳的 T30UXIC 和倍加福的 UC1000 系列超声波传感器进行测试。

以 T30UXIC 为例，测量距离在 0.3～3m 之间，输出 4～20mA 的标准电流信号。需注意超声波传感器在移动刷盘中的安装位置，保证清洗结构在位置调整过程中与镜面的距离都在超声波传感器的测距范围内。超声波探头的实际测量距离可以提前进行标定，本设计应用中，将测量距离标定为 0.4～0.8m，即对应输出信号 4～20mA。之所以选用最大测量距离 3m 的传感器，是为了保证当超声波传感器与镜面不垂直时，仍能测到与镜面的距离，而不会因为镜面反射产生误测量。在一定测量范围内，可测范围越大的传感器，其与被测物体的角度要求就要小。通过超声波传感器分别测量刷盘平面上端面、下端面与镜面的距离，并通过两个电动推杆进行上线端面的距离调节，最终可使刷盘与镜面保持合适距离，且刷洗平面与镜面保持平行，实现最好的清洗效果。

3. 自动进行水流控制的喷水装置

在可以使用水进行镜面清洁的季节，定日镜清洗设备将开启水流控制的喷水装置，以提高镜面的清洗效果。为节约用水，在检测到镜面时，开启对外喷头，使水流喷向镜面；当检测到两个镜面间空隙的时候，关闭对外喷头，开启内循环，使水在清洗车内部循环，见图 14-4。内循环与对外喷水的控制通过电磁阀实现，整个过程中水泵持续工作，不会产生频繁启动水泵的现象，可提高水泵寿命。对于镜面的检测，仍依赖于上文提到的超声波传感器。超声波传感器在检测镜面距离的同时，将进入测量范围的信号作为有镜面的位置，将超出测量范围上限的信号作为没有镜面的位置，依此对电磁阀进行控制。

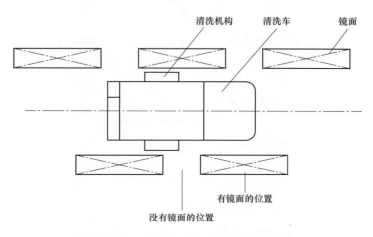

图 14-4　清洗装置与定日镜的相对位置

　　该部分还具有水箱水位检测功能，当水箱内的水位低于水泵的工作水位时，水位检测装置发出信号，通知控制器关断水泵，防止水泵发生空吸，同时通过网络通知监控人员，清洗车水位低，需要人工干预。本文所设计的该部分功能先采用了如图 14-5 所示的原理结构进行控制，但实测过程中由于镜场地面不平整，车辆行驶过程中的晃动使处于水位临界状态时的开关频繁接触、断开，实测效果不够理想，后选用浙江烨立的 WMY 型液位传感器配套 YL-C803 系列智能数显报警测控仪来实现，该仪表具有两路继电器报警输出功能，且可以设置上下限报警点，能较好地满足地面不平整场合的应用。

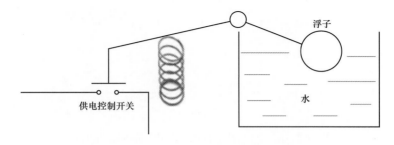

图 14-5　简单的水位检测装置原理

4. 防碰撞装置

　　本清洗设备中的防碰撞装置是为了防止异常情况下清洗车碰撞定日镜现象的发生。当清洗车换向装置异常、定日镜未转动到预定的清洗角度或其他异常情况时，清洗车若仍按照预定的轨迹行进时，就有可能撞到定日镜。设计的防碰撞装置为 1 组对射的光电传感器。在异常情况会碰撞定日镜前，将被碰到的定日镜会处于对射的光电传感器之间，产生信号停止清洗车的行走，见图 14-6。

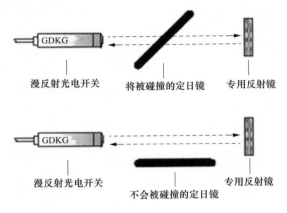

图 14-6　定日镜碰撞检测原理

5. 清洗设备与镜场控制系统的无线通信

清洗设备与镜场间的无线通信采用 WiFi 通信。在镜场控制室及清洗车上分别安装无线 AP 设备。清洗车将通过卫星定位得到的当前清洗位置经由无线网络通知控制室的控制系统，控制室内的镜场控制系统自动将已清洗完成的定日镜配置为正常运营状态，提高镜场定日镜的利用率。

第四节　定日镜清洗实测数据

针对定日镜的反射率随时间下降的问题，在青海中控太阳能德令哈项目现场进行了现场测试。测试结果如图 14-7 所示。

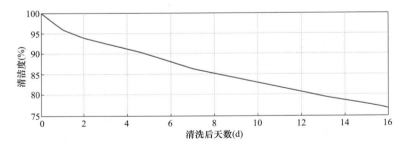

图 14-7　德令哈电站的镜面反射比随时间变化曲线

如图 14-7 所示，德令哈地区由于风沙大、粉尘多，定日镜反射比下降较快，半个月即由 100% 下降为 77%，日均降幅 1.45%。若不对定日镜进行频繁的清洗，由于反射比的下降，每天发电量将降低 1.45%，对应发电收入降低 1.45%，对电站的投资回报率和经济性有十分巨大的影响。以青海中控太阳能德令哈 50MW 塔式光热电站为例，设计点电站日发电量达 77 万 kWh，上网发电量 70 万 kWh。按照国家能源局首批示范项目上网电价 1.15 元/kWh 测算，日发电收入达 80 万元，损失 1.45% 即损失 1.16 万元。而如果不进行清洗的话，第二天将在第一天损失 1.16 万元的基础上再损失 1.16 万元。

假设清洗周期为 n 天，在完全天晴的条件下，每个清洗周期内损失的发电收入为：$1.16n+1.16(n-1)+1.16(n-2)+\cdots+1.16=1.16\times(1+n)\times n/2=0.58n^2+0.58n$。按全年晴天条件发电天数 200 天计算，全年的发电收入损失为 $200/n\times(0.58n^2+0.58n)=116n+116$。因此清洗周期为 5、10、15 天对应的年发电量损失分别为 696、1276 万元和 1856 万元。可以看出，清洗对光热电站经济性影响非常大，清洗的重要性不言而喻。

因此，光热电站的工程建设，需要选取和设计合适的清洗方法与设备，采用合适的清洗水与清洗批次，构建高效便捷、经济合理、安全可靠的水处理系统设施，以提高电站运营维护的清洗速度和清洗效果，提升电站的整体经济性。

第十五章

工程案例

国内在"十二五"期间国内建设了十几个太阳能光热示范回路，建设了1兆瓦的塔式光热示范试验电站，但真正率先商业运行的为青海中控德令哈10MW塔式光热电站。2016年国家能源局公布的首批20个太阳能光热发电示范项目中，以青海中控德令哈50MW熔融盐塔式电站、中国能建哈密50MW熔融盐塔式光热发电工程等为代表的太阳能光热发电站项目，引起了国内外同行的广泛关注，光热发电产业迎来了前所未有的发展机遇。德令哈50MW塔式光热电站等首批光热示范工程的工程经验为助推我国光热发电产业迅速发展，引领技术进步发挥了重要示范作用，对于国内后续太阳能光热发电的建设将具有十分重要的借鉴意义。

第一节　德令哈50MW塔式光热发电站工程案例

一、工程概况

青海中控太阳能发电有限公司德令哈50MW太阳能热发电项目工程所选站址位于青海省德令哈市蓄集乡太阳能工业园内，距离德令哈西出口约5km。该工程的投资方为青海中控太阳能发电有限公司，技术来源及系统集成方为浙江中控太阳能技术有限公司。该项目于2015年入选国家能源局第一批太阳能热发电示范项目名单，是我国最早建设的商业化太阳能热发电项目之一。

青海中控太阳能德令哈50MW塔式光热电站（如图15-1所示）建设1套容量为50MW的空冷凝汽式汽轮发电机组。配套建设1套以熔融盐为传热工质、由吸热系统

图 15-1　青海中控太阳能德令哈 50MW 塔式光热电站效果示意图

和定日镜场组成的聚光集热系统，1套蒸汽发生系统，1套熔融盐储热系统。

　　该电站站址海拔标高3021～3082m，地形较为平坦，地面由北向南倾斜，自然坡度约2°。站址地貌属为宗务隆山南侧山前冲洪扇地带，地表现为荒地，地基土主要为中密～密实的圆砾，工程力学性质较好。该电站场地大致呈矩形，东西长约1760m，南北宽约1570m，面积约2.58km²。站址多年平均降水量182mm，多年平均风速2.2m/s，极端最高气温34.7℃，极端最低气温−37℃。根据现场实测DNI数据，该电站站址典型气象年太阳直射辐射总量为2043.6kWh/m²，日均太阳直射辐射量5.6kWh/m²，光资源十分丰富。该电站以发电机-变压器-线路组单元接线方式，110kV出线接入到柏树330kV变电站110kV侧。该电站年耗水量约16万m³，水源采用德令哈市城市自来水。

二、总平面布置

　　本工程站区总平面布置分为发电区、集热场及蒸发塘区三个区域。

　　如图15-2所示，发电区主要由汽轮发电机组、储热设施及配电室、空冷平台及空冷配电室、变压器、电控楼、主变及配电装置、机械通风冷却塔、化水车间、污废水

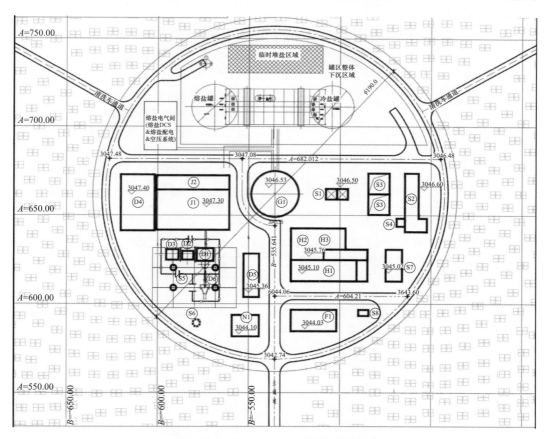

图15-2　青海中控太阳能德令哈50MW塔式光热电站总平面布置图

处理装置、事故油池、检修间、综合水泵房等组成；集热场则是由定日镜场和吸热塔组成。为了减少能量损耗和管线投资，将发电区紧靠吸热塔布置。蒸发塘区位于站区东侧，主要由两座蒸发塘组成。

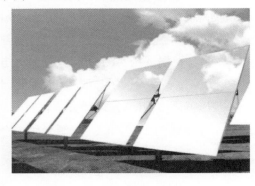

图 15-3 青海中控太阳能德令哈
50MW 塔式光热电站定日镜照片

三、工艺系统

电站主要工艺系统配置方案介绍如下。

1. 集热系统

该电站采用单定日镜场单塔设计，设计点 DNI 为 900kWh/m²，设计点时刻为春分日，定日镜场总采光面积 542700m²，太阳倍数 1.9。定日镜场采用环形交错的圆形布置方式，定日镜场外形大致为矩形。定日镜镜场中央预留了直径为 200m 的热力岛

和发电岛布置区，包含三条主通道，其中一条位于正南方向，另外两条分别位于北偏西和北偏东 60°。定日镜场主要包括定日镜（如图 15-3 所示）、镜场控制系统、清洗车及监控设备，配置及参数如表 15-1 所示。

表 15-1   青海中控太阳能德令哈 50MW 塔式光热电站定日镜场设备一览

设备	数量	主要参数
定日镜	27135 台	20m²（4m×5m）
镜场控制系统	1 套	跟踪精度：1.65mrad
清洗车	4 辆	自动，清洗周期：1 周
红外热像仪	4 套	温度范围−40～750℃，分辨率 1024×768
风速仪	6 套	0～70m/s
云监测设备	1 套	预测时间范围 15min

该电站定日镜尺寸为 20m²，由 4 面 5m² 反射镜组成，能够在高寒高海拔地区长寿面使用，且具备较强的风抗能力。具体参数如表 15-2 所示。

表 15-2   青海中控太阳能德令哈 50MW 塔式光热电站定日镜参数

主要参数	数值
工作风速	16m/s（10min 平均）
生存风速	37m/s
工作温度	−40～65℃
防护等级	IP65
工作海拔	4000m
寿命	30 年
反射率	0.94
年故障率	0.3‰
驱动方式	回转减速机＋电动推杆
主要软件功能	自动聚光、自动能量调度、自动精度校正、智能设备管理、智能故障自诊断

该电站采用外置表面式吸热器，传热介质为熔融盐，进口温度 290℃，出口温度为 565℃，吸热器额定热输出功率 230MW，最大能流密度 1000kW/m^2。吸热器受光面直径 12m，高度 15m，设计吸热效率 90%。吸热塔采用混凝土结构，吸热器中心高度 200m。

2. 传热、储热与换热系统

该电站采用一台冷盐罐、一台热盐罐的双罐熔融盐储热系统，有效储能量 869MW，熔融盐总量 10093t。储换热系统主要设备配置和参数见表 15-3。

表 15-3　青海中控太阳能德令哈 50MW 塔式光热电站储热系统主要设备参数

设备	主要参数
冷盐罐	直径 24.0m，高度 12m，温度 290℃
热盐罐	直径 25.2m，高度 12m，温度 565℃
换热器	包括过热器、再热器、蒸发器、预热器
熔融盐	10093t（$NaNO_3$ 60%，KNO_3 40%）
熔融盐泵	冷盐泵 2 台，热盐泵 2 台
化盐系统	包含熔融盐化盐炉、化盐泵、化盐槽及疏盐槽

3. 汽轮机设备及系统

该电站采用一台超高压、高温、双轴、双转速、一次中间再热、空冷凝气式汽轮机。汽轮机额定进气参数 13.2MPa/540℃。该电站采用直接空冷系统，辅机冷却水采用湿式循环冷却系统。该电站采用容量为 63MVA 的三相变压器，厂用电等级采用 6kV。

四、主要指标

电站主要技术性能指标如表 15-4 所示。

表 15-4　青海中控太阳能德令哈 50MW 塔式光热电站主要技术参数

指标	参数
典型年 DNI	2043kWh/m^2
镜场占地面积	2.47km^2
镜场采光面积	542700m^2
吸热器额定热功率	230MW
储热容量	869MWh
熔融盐量	10093t
储热时间	7h
汽轮机额定功率	50MW
冷却方式	直接空冷
年发电量	1.46 亿 kWh
年利用小时数	2920h

电站建设周期 2 年，运营期寿命 25 年，可实现年节省标准煤 4.6 万 t，相当于年减排二氧化碳气体 12.1 万 t，具有良好的社会效应。电站具有良好的投资回报，资本金内部收益率 12.8%，资本金净利润率 14.4%，投资回收期 11.8 年。

青海中控太阳能德令哈 50MW 塔式光热电站（建设中），如图 15-4 所示。

图 15-4　青海中控太阳能德令哈 50MW 塔式光热电站（建设中）照片

第二节　哈密 50MW 塔式光热发电站工程案例

一、工程概况

中国能建哈密熔融盐塔式 50MW 光热发电项目工程站址位于哈密市伊吾县淖毛湖镇境内，由中国能源建设集团（简称中国能建）所属企业投资建设。2016 年 9 月，国家能源局发文国能新能〔2016〕223 号《国家能源局关于建设太阳能热发电示范项目的通知》，公布了入围光热示范项目名单，该工程名列其中，成为我国首批光热示范项目之一。该工程建设一台 50MW 塔式熔融盐太阳能热发电机组，每台机组安装 1 套高温、高压再热凝汽式汽轮发电机组；电站水源采用伊吾河峡沟水库向淖毛湖煤电化产业供水作为光热电站水源，淖毛湖污水处理厂中水作为备用水源。接入系统：110kV 一回出线，接入卓越 110kV 变电站；该工程采用分流制排水系统，雨水散排至站区外；汽轮机排汽冷却方式为直接空冷。

该工程站区总平面布置围绕太阳能吸热塔布置，分为发电区、站前区、太阳能集热区三个区域。

发电区主要由吸热塔、主厂房、蒸汽发生器、储热设施及熔融盐电控楼、空冷平台及空冷配电室、变压器及配电装置、机械通风冷却塔、综合水泵房及工业、生活、消防水池、化水车间、污废水处理装置等组成。电站主要系统配置方案介绍如下。

二、总平面布置

（一）站区总平面布置

该工程站区总平面布置围绕太阳能吸热塔布置，布置分为发电区、站前区、太阳能集热区三个区域。

发电区主要由吸热塔、汽机房、蒸汽发生器、储罐及熔融盐电控楼、空冷平台及空冷配电室、变压器及配电装置、机械通风冷却塔、综合水泵房及工业、生活及消防水池、化水车间、污废水处理装置等组成。

塔式太阳能集热区则是由定日镜组成。

站前区主要由办公楼、宿舍楼和活动中心等组成。

1. 发电区总平面布置

发电区位于站区中南部，围绕太阳能吸热塔布置有主要的生产设施。

太阳能吸热塔布置在整个发电区的中部，主要生产建构筑物围绕位于中心的太阳能吸热塔布置。其中主厂房布置在吸热塔的北部；变压器、配电装置位于主厂房的北侧，本期 110kV 出线向北；空冷平台布置在主厂房的西侧；空冷配电室布置在空冷平台北侧；主厂房西南侧主要布置供水及化水相关建构筑物，其中综合水泵房及净水间、综合蓄水池及原水池成组布置在该区域中部；工业废水处理间和生活污废水处理装置位于综合蓄水池东侧。化水车间布置于综合水泵房南侧；机力塔位于化学水车间的东侧；材料库检修间永临结合，利用施工期间的定日镜组装车间，布置在集热场外东南侧；熔融盐储换热区位于区域内东侧地势较低区域，两座热熔融盐罐及一座冷熔融盐罐分别位于熔融盐储换热区的北侧和南侧；蒸汽发生器位于熔融盐罐之间；熔融盐电控楼位于热熔融盐罐北侧，毗邻主厂房及储换热区。柴油发电机布置在熔融盐电控楼的北侧。

2. 站前区总平面布置

站前区位于整个站区西南侧。站区出入口位于该区域的南侧，由南侧进入该区域。生产行政办公楼、宿舍楼及活动中心布置在出入口北侧，污废水处理装置布置在宿舍楼东侧，厂前区东北侧。

3. 太阳能集热场

太阳能集热场围绕发电区布置，其中主要布置有定日镜。

4. 蒸发塘

充分考虑优化排水泵的扬程以及对站区的环境影响因素，蒸发塘位于太阳能集热场的东南侧较发电区地势较低处。

发电区总平面布置图如图 15-5 所示。

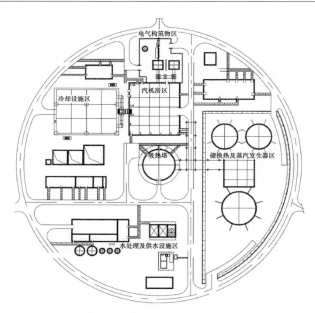

图 15-5 发电区总平面布置图

50MW 站区总平面布置主要技术经济指标，如表 15-5 所示。

表 15-5   50MW 站区总平面布置主要技术经济指标

序号	项目	单位	数值	备注
1	发电区用地面积	hm²	3.80	合计 274.23hm²
	集热场及其他设施区用地面积	hm²	268.57	
	站前区围墙用地	hm²	1.86	
2	单位容量用地面积	m²/kW	54.85	
3	建构筑物用地面积	m²	1809918	含定日镜
4	建筑系数	%	66	
5	站区道路及广场地坪	m²	49136	
6	道路广场系数	%	1.79	
7	站区围栅长度	m	6406	
8	绿化面积	m²	1000	仅在发电区和站前区绿化
9	土石方工程量	填方	m³	27104.2	仅对发电区和站前区场平
		挖方	m³	23899.57	
		基槽余土方量	m³	30000	

哈密 50MW 塔式光热工程所用土地情况，如表 15-6 所示。

表 15-6   哈密 50MW 塔式光热工程所用土地情况

项目内容	单位	数量	土地性质
站区用地	hm²	275.47	其中发电区、站前区共 6.0hm²
站外道路用地	hm²	0.06	征地，国有未利用地
厂外管线用地	hm²	—	围墙外 1m
站址总用地	hm²	275.53	全部为国有未利用地

工程所有用地均为戈壁荒滩，属于国有未利用地，符合国家土地利用政策及新疆新能源项目用地规定。

（二）站区竖向布置

站址地形较为平坦，地面由南向北倾斜，场地自然标高在 734～671m 之间，自然坡度约为 2%。

站区竖向规划根据工艺布置要求，结合自然地形、地质条件、主要建构筑物地基处理方式、土石方工程量综合平衡、防排洪、场地排水及站内外管线接口标高综合考虑。仅对发电区和站前区进行场平，太阳能集热区不进行场平。

工程发电区竖向布置拟采用台阶式布置，在主厂房区和储换热区之间设置 2.0m 高的台阶，台阶内采用连续平坡式布置。主厂房区与储换热区所在场地设计坡度拟采用 0.5%，坡向西南高东北低。集热塔零米标高暂定为 711.20m；主厂房零米标高暂定为 711.10m；热熔融盐罐和冷熔融盐罐零米标高暂定为 708.70m 和 709.00m。

工程站前区拟采用平坡式布置，场地南北设计坡度拟采用 2%，东西坡向 0.5%，坡向西南高东北低。

办公楼零米标高暂定为 732.30m。

三、工艺系统

（一）聚光集热系统

聚光集热系统包含一个吸热器和由若干定日镜组成的镜场，吸热器位于吸热塔上，接收从塔周围镜场反射来的太阳能。定日镜包含安装在钢结构支撑上的反射镜，且有两个方向的跟踪驱动。定日镜反射镜和传动系统安装在定日镜立柱上，立柱提供支撑，立柱采用混凝土支柱。

单台定日镜反射面积为 48.5m²，定日镜数量为 14400 台。吸热器额定功率约 350MW，吸热器中心标高 200m。

（二）储热系统

储热系统是克服太阳能时空不连续、不稳定性与动力装置相对稳定输出的关键部件。本工程采用二元熔融盐（60%NaNO₃＋40%KNO₃）作为吸热和储热介质，储热时长 13h，储热容量为 1516MWh。

可行性研究阶段储热系统配置 3 台熔融盐储罐，1 台低温熔融盐储罐（简称"冷盐罐"）和 2 台高温熔融盐储罐（简称"热盐罐"），3 台 50%容量的吸热器熔融盐循环泵（简称"冷盐泵"）、2 台 100%容量的蒸汽发生器熔融盐循环泵（简称"热盐泵"）和 2 台 100%容量的蒸汽发生器熔融盐调温泵（简称"调温泵"）。其中，冷盐泵和调温泵位于冷盐罐中，2 台热盐泵分别位于 2 台热盐罐中，2 台热盐罐通过底部波纹管膨胀节相连接，形成连通设备。

冷盐泵将低温熔融盐泵入吸热器中吸收太阳热能，温度升高至 565℃，从吸热器返回至热盐罐中。高温熔融盐再通过热盐泵进入蒸汽发生系统，与水/蒸汽进行热交换，产生 550℃的过热蒸汽，进入汽轮机做功发电。该系统实现了集热储热与发电单元的解耦运行，确保了发电系统的稳定与安全性。

（三）蒸汽发生系统

蒸汽发生系统用于将熔融盐存储的热量传递给汽轮机工质水（汽），产生高品质过热蒸汽，驱动汽轮发电机组产生电能。蒸汽发生系统主要由低负荷预热器、电加热器、预热器、蒸发器（带汽包）、过热器和再热器组成，汽包采用自然循环。启动电加热器位于预热器的入口，主要在机组启动期间用来加热产生启动蒸汽，并根据给水进口温度确定低负荷预热器容量。低负荷预热器加热汽源来自于蒸发器出口的饱和汽。

蒸汽发生系统的额定新蒸汽参数与汽轮机匹配。

（四）疏盐系统

由于机组事故停机或长时间检修停机时，要求将设备及管道中的熔融盐疏放排空，因此在布置设计时，尽可能将标高高于熔融盐储罐的设备和管道，设有直接疏放熔融盐返回熔融盐储罐的管路，但对于标高低于熔融盐储罐的设备和管道中的熔融盐，则疏放至疏盐系统，工程此系统配置有一台疏盐罐和两台疏盐泵，疏盐罐中的熔融盐，通过疏盐泵返回冷盐罐。

（五）装机方案及主机型式

汽轮机铭牌出力工况下匹配汽轮机主蒸汽蒸发量为 144.2t/h，主蒸汽参数为 14MPa，550℃。

蒸汽发生器带有再热器，铭牌出力工况下再热蒸汽流量为 127.7t/h，再热器出口蒸汽参数为 2.62MPa，553℃。铭牌出力工况下给水温度为 250.8℃。

（六）辅助系统

传热介质为二元熔融盐的太阳能光热电厂需要特别注意熔融盐的防凝。整个系统与熔融盐接触的部分都需要配有熔融盐防凝措施，且配有温度监测，以防止在光照条件不足或者停机期间由于传导、辐射和对流的损失等原因造成熔融盐温度降低、冻结。

该工程防凝措施采用电伴热，保证系统熔融盐温度不低于270℃。由于熔融盐系统的电伴热需要承受高温熔融盐在正常工作时565℃左右的高温，因此更适宜采用矿物绝缘电热电缆，以硬质合金为外套，以氧化镁作为绝缘的电缆加热系统。

（七）汽机房布置

汽机房跨度23m，除氧框架跨度8m，汽机房长度共5档，每档柱距8m，共40m。根据汽机厂提供的布置图，汽机中心线标高约为3.9m。

汽机房0m设备有：汽轮发电机及排汽管道；在靠近A排布置有：电气出线、真空泵、辅机冷却水泵、主油箱、冷油器、顶轴油泵等。在靠近排汽管道布置有空冷凝结水箱和凝结水泵，低压缸侧布置有疏水扩容器和轴封加热器。

汽机房靠扩建端设有检修区域，汽机房0m的空余区域可满足大件起吊及汽轮机翻缸的需要。汽机主油箱、低压旁路阀门以及真空泵可以利用汽机房行车进行检修。

（八）除氧框架布置

除氧框架跨度为8m，其柱距与汽机房相同，除氧框架分为0.00、5.50、10.20、14.9、21.9m（屋面）五层布置。

除氧间分 4 层，即 0m 层、5.5m 层，10.2m 层、14.9m 层（除氧器层）。

0m 层布置有：化学加药间、2 台电动给水泵、低加疏水泵等。5.5m 层布置有：7、8 号低压加热器、1 号高压加热器。10.2m 层布置有：2、3 号高压加热器、5、6 号低压加热器。14.9m 层布置有：除氧器、外置式蒸汽冷却器及闭式水箱。

除氧间每层均留有足够的检修通道，便于检修维护。

（九）储换热区布置

储换热区整体布置在围堰内，防止熔融盐泄漏，围堰内的容积为考虑熔融盐全部泄漏后的总体积。

该工程分别设置冷盐罐以及热盐罐。储换热区布置在整个动力岛的东侧，从北向南依次布置热盐罐、蒸汽发生区域、冷盐罐。

蒸汽发生区域布置于冷热熔融盐罐之间，采用钢筋混凝土结构，长度 28m，宽度 24m。共分为五层布置。

另外在储罐上部靠近蒸汽发生器一侧采用钢架结构支撑冷盐泵、热盐泵以及混温泵。

蒸汽发生区域东西两侧分别设置一部楼梯用于检修。考虑熔融盐泄漏时人员疏散，在 SGS 西侧，通过综合管架设置一部钢梯过道，可以从 SGS 平台直接通过至围堰外。

四、主要技术指标

中国能建哈密 50MW 熔融盐塔式光热发电项目工程主要技术指标如表 15-7 所示。

表 15-7　　　　　哈密 50MW 熔融盐塔式光热发电工程主要技术指标

序号	项目	单位	数值	备注
1	设计指标			
1.1	装机容量	MW	50	
1.2	镜场采光面积	m^2	696751	初步设计阶段
1.3	储热时长	h	13	
1.4	熔融盐量	t	16900	
1.5	汽轮机组热效率		43.76％	
1.6	年均光电效率		15.5％	
1.7	厂用电率		10％	
1.8	耗水指标	$m^3/(s \cdot GW)$	0.0986	全年平均
2	总布置指标			
2.1	厂区占地面积	hm^2	274.23	
2.2	单位容量占地面积	m^2/kW	54.85	
2.3	建筑系数	％	66	
2.4	场地利用系数	％	49136	
2.5	土石方工程量			
2.5.1	挖方工程量	万 m^3	23899.57	
2.5.2	填方工程量	万 m^3	27104.2	
2.6	厂区绿化系数	％	0.1	
2.7	单位千瓦主厂房容积	m^3/kW	0.604	
2.8	单位千瓦主厂房面积	m^2/kW	0.074	

参　考　文　献

[1]　许继刚，陈玉红. 太阳能光热发电工程进展［J］. 中国电力，2010，43（增刊2）：101-105.

[2]　许继刚，王正，李波. 太阳能光热发电技术的发展现状［J］. 电力工程技术，2008，3（1）：54-59.

[3]　尹航，卢琛钰，汪毅，等. 太阳能光热发电技术及国际标准化概述［J］标准化综合，2014，（7）：58-60.

[4]　许继刚，汪毅，王立军. 国家标准《塔式太阳能光热发电站设计规范》编制思路［J］. 中国能源建设，2017，1（1）：68-72.

[5]　翁笃鸣. 中国辐射气候［M］，北京：气象出版社，1997.

[6]　翁笃鸣. 中国太阳直接辐射的气候计算及其分布特征［J］. 太阳能学报，1986，7（2）：121-130

[7]　王冰梅，翁笃鸣. 我国散射辐射的气候计算及其分布［J］，南京气象学院学报，1989，12（4）：431-438.

[8]　晋明红，李晓军. 电力行业太阳能资源评估方法的探讨［J］，能源技术经济，2012，5（5）：66-69.

[9]　王炳忠，申彦波. 世界气象组织对辐射观测站的新分级标准［J］，太阳能，2014，11：6-7.

[10]　王志峰，等. 太阳能热发电站设计［M］北京：化学工业出版社，2014.

[11]　黄素逸，黄树红，等. 太阳能热发电原理及技术［M］. 北京：中国电力出版社，2012.

[12]　刘昭丽，江霜英. 玻璃幕墙光污染环境影响评价案例分析［J］. 四川环境，2009，28（5）：85-90.

[13]　Clifford K. Ho，Cheryl M. Ghanbari，Richard B. Diver. Methodology to Assess Potential Glint and Glare Hazards From Concentrating Solar Power Plants：Analytical Models and Experimental Validation. Proceedings of the 4thInternational Conference on Energy Sustainability，2010.

[14]　Raymond C. Lee etc. Environmental Impact Statement For Ivanpah Solar Electric Generating System. 2010.

[15]　C. k. Ho，C. A. Sims，J. M. Christian. Evaluation of glare at the Ivanpah Solar Electric Generating Sytem［J］. Energy Procedia，2015（69）：1296-1305.

[16]　李心，赵晓辉，李江烨，等. 塔式太阳能热发电全寿命周期成本电价分析［J］. 电力系统自动化，2015（39）：84-88.

[17]　Carrizosa E，Domínguez-Bravo C，Fernández-Cara E，et al. An Optimization Approach to the Designof Multi-Size Heliostat fields［D］. Seville，Spain：University of Seville，2014.

[18]　J. García-Barberena，A. Monreal，A. Mutuberria，M. Sánchez. Towards cost-competitive solar towers-Energy cost reductions based on Decoupled Solar Combined Cycles（DSCC）［A］. SolarPACES［C］，2013，Sarriguren（Navarra），Spain.

[19]　James Larmuth，Karel Malan，Paul Gauché. Design and Cost Review of 2m² Heliostat Prototypes［D］. Stellenbosch：Stellenbosch University，2014.

［20］ James E. Pacheco. Esolar's modular concentrating solar power tower plant and construction of the sierra solar generating station ［A］. Proceedings of the ASME 2009 3rd International Conference of Energy Sustainability ［C］, San Francisco, California, USA, 2009.

［21］ Siala F MF, Elayeb ME. Mathematical formulation of a grapIlical method for a no-blocking heliostat field layout ［J］. RenewableEnergy, 2001 (23): 77-92.

［22］ Francisco J. Collado, Jesus Guallar. A review of optimized design layout for solar power tower plants with campo code ［J］. Renewable and Sustainable Energy Reviews, 2013 (20): 142-154.

［23］ Francisco J. Collado, Jesus Guallar. Campo: Generation of regular heliostat field ［J］. Renewable Energy, 2012 (46): 49-59.

［24］ Corey J. Noone, Manuel Torrilhon, Alexander Mitsos. Heliostat field optimization: A new computationally efficient modeland biomimetic layout ［J］. Solar Energy, 2012 (86): 792-803.

［25］ 宓霄凌, 王伊娜, 李建华, 等. 塔式太阳能热发电站镜场设计分析 ［J］. 太阳能, 2015: 61-65.

［26］ James E. Pacheco, Final Test and Evaluation Results from the Solar Two Project, Solar Thermal Technology, Sandia National Laboratories, Sandia National Laboratories. 2002.

［27］ Ramteen Sioshansi, Paul Denholm, The Value of Concentrating Solar Power and Thermal Energy Storage, Technical Report, NREL-TP-6A2-45833 February 2010.

［28］ SaradaKuravi, Jamie Trahan, D. et. al, Thermal energy storage technologies and systems for concentrating solar power plants. Progress in Energy and Combustion Science, 2013: 1-35.

［29］ Robert Moore, Milton Vernon, Clifford K. Ho, Design Considerations for Concentrating Solar Power Tower Systems Employingn Molten Salt, SANDIA REPORT SAND2010-6978 Unlimited Release Printed September 2010.

［30］ Omar Behar, AbdallahKhellaf, A review of studies on central receiver solar thermal power plants, Renewable and Sustainable Energy Reviews, 2013: 12-39.

［31］ RamteenSioshansi, Paul Denholm, The Value of Concentrating Solar Power and Thermal Energy Storage, Technical Report, NREL-TP-6A2-45833 February 2010.

［32］ Ibrahim Reda and Afshin Andreas. Solar Positon Algorithm for Solar Radiation Applications.

［33］ 许继刚, 孙岳武, 黄安平, 等. 电厂信息系统规划与设计 ［M］. 中国电力出版社. 2013, 10.

［34］ 郑瑞波, 万定生. 塔式太阳能电厂 SIS 系统研究与应用 ［J］. 舰船电子工程. 2010, 30 (2): 129-131.

［35］ Satake et al. Damping evaluation using full scale Data of Building in Japan. Journal of structural engineering, 2003, 129 (4): 470-477.

［36］ Cho et al. Field measurement of damping in industrial chimneys and towers. Structural Engineering and Mechanics, 2001, 12 (4): 449-457.

［37］ Strachan JW. Testing and evaluation of large-area heliostats for solar thermalapplications. Technical Report for Sandia Laboratories. Report No. SAND92-1381: 1993.

［38］ Gong B, Wang ZF. Fluctuating wind pressure characteristics of heliostats. RenewEnergy 2013 (50): 307-316.

［39］ 宫博. 定日镜和幕墙结构的抗风性能研究 ［D］. 博士学位论文. 湖南大学, 2010.

［40］ 王莺歌. 塔式太阳能定日镜结构风荷载特性及风振响应研究 ［D］. 博士学位论文. 湖南大学,

2010.

[41]   宫博. 太阳能聚光器风荷载规律和结构轻量化研究. 博士后出站报告. 中国科学院电工研究所，2013.

[42]   Gong B，Li ZN，Wang ZF. Wind-induced dynamic response of heliostat. Renew Energy，2012（38）：206-213.

[43]   汪琦，俞红啸，张慧芬，等. 熔融盐和导热油储热储能技术在光热发电中的应用研究［J］，工业炉，2016（3）：39-43.

[44]   谢攀. 光伏板清洗装置的设计与力学性能分析［D］硕士学位论文. 西安理工大学，2016.

[45]   胡玉超，徐能，刘强，等. 塔式太阳能光热发电镜场定日镜清洗装置设计［J］. 能源研究与管理，2014（4）：59-63.